[法国]弗洛朗·凯利耶 著
Florent Quellier

黄红 译

贪吃的历史

馋

Gourmandise

histoire d' un péché capital

译林出版社

图书在版编目（CIP）数据

馋：贪吃的历史 ／（法）弗洛朗·凯利耶著；黄荭译.—南
京：译林出版社，2022.1（2022.6重印）
ISBN 978-7-5447-8847-2

Ⅰ.①馋… Ⅱ.①弗… ②黄… Ⅲ.①饮食－文化史－世界
Ⅳ.①TS971.201

中国版本图书馆 CIP 数据核字（2021）第 197994 号

Originally published in France as:
Gourmandise. Histoire d'un péché capital, by Florent Quellier
© Armand Colin, 2010 Paris
ARMAND COLIN is a trademark of Dunod Editeur-11, rue Paul Bert-92240 Malakoff.

For sale in Mainland China only.

Simplified Chinese translation rights arranged through Divas International, Paris 巴黎迪法国
际版权代理（www.divas-books.com）
Simplified Chinese translation copyright © 2022 by Yilin Press, Ltd
All rights reserved.

著作权合同登记号　图字：10-2017-187 号

馋：贪吃的历史　［法国］弗洛朗·凯利耶／著　黄　荭／译

责任编辑　陆晨希
装帧设计　韦　枫
校　　对　孙玉兰　王　敏
责任印制　单　莉

出版发行　译林出版社
地　　址　南京市湖南路 1 号 A 楼
邮　　箱　yilin@yilin.com
网　　址　www.yilin.com
市场热线　025-86633278
排　　版　南京新华丰制版有限公司
印　　刷　合肥精艺印刷有限公司
开　　本　880 毫米 ×1230 毫米 1/32
印　　张　7.875
插　　页　4
版　　次　2022 年 1 月第 1 版
印　　次　2022 年 6 月第 2 次印刷
书　　号　ISBN 978-7-5447-8847-2
定　　价　98.00 元

目 录

序

　　有别于七宗罪中其他六大罪行，不管是过度还是适度，"贪食"一直都是哲学、宗教学、社会学的研究对象，这便是弗洛朗·凯利耶在这部杰作中给我们呈现的内容。正如书名所言，贪食可以细致入微地反映人类"既非天使，亦非禽兽"的境况。在我们这个时代，肥胖症和厌食症给人们带来的影响截然相反，但都令人望而生畏。回顾往昔，在充满各种偏见的"永恒人性"的作用下考察人们对贪食的态度的变迁，显得尤为有趣。 若说中世纪的思想家毫不迟疑地谴责暴饮暴食，那么看到18世纪的若古骑士[1]在这个问题上的纠结就显得越发有趣了。他为《百科全书》编撰"贪食"这个词条，将其定义为"一种对美味过分精致且无节制的热衷"。

_____

[1] 舍瓦莱尔·路易·德·若古（Chevalier Louis de Jaucourt，1704—1779），法国学者，《百科全书》的主要作者之一，撰写了关于哲学、化学、生物、政治和历史等门类的1.8万个词条。——译注，下同

而"过分精致"和"无节制"是否可以并存？无论如何，本书一再将"贪吃"和"性欲"相提并论。食欲很容易就转变为性欲，所谓饱暖思淫欲。塔勒芒·德·雷奥[1]曾这样评论德·萨布莱夫人[2]："从笃信宗教开始，她便是世间最贪吃之人。"

弗洛朗·凯利耶向我们展现了在吃食上非常粗鄙的路易十四和路易十六（后者尤其如此），很烦红衣主教卡拉法的意大利厨师那过分精致的厨艺的蒙田，也向我们讲述了格里莫·德·拉雷尼埃尔[3]和布里亚-萨瓦兰[4]如何把"馋"提升到艺术之列，把它作为社交礼仪和品质生活的最高境界。19世纪初，格里莫在他所著的八卷本《饕客年鉴》中提到，当时的布尔乔亚和布波族[5]有一种普遍心态：常常为去哪儿能吃到最好的牡蛎，应该在哪儿买上好的美酒和奶酪而头疼。我们看到这些会觉得好笑。这种所谓"资深饕客"的论调常常伴随着厌女症的倾向。这种现象现今是否有所改善？或许吧。女性历来都被简化为过分热衷甜点的造物，这让她们类似于孩

---

[1] 塔勒芒·德·雷奥（Tallemant des Réaux，1619—1692），法国作家、诗人，以《逸事》一书闻名。
[2] 马德莱娜·德·萨布莱（Madeleine de Sablé，1599—1678），法国作家，著有《格言》。
[3] 格里莫·德·拉雷尼埃尔（Grimod de la Reynière，1758—1838），法国知名美食家，被誉为"美食文学之父"。
[4] 让·安泰尔姆·布里亚-萨瓦兰（Jean Anthelme Brillat-Savarin，1755—1826），法国律师、政治家和知名的美食作家，著有《厨房里的哲学家》。
[5] 布波族（bobos）是布尔乔亚（bourgeois）和波希米亚（bohémien）的缩合词，最初见于《纽约时报》记者大卫·布鲁克斯（David Brooks）于2000年出版的《天堂里的布波族：新社会精英的崛起》一书。布波族是21世纪的精英一族，他们崇尚自由，追求心灵满足，同时拥有20世纪70年代被称为波希米亚嬉皮士和20世纪80年代被称为雅皮士的两种矛盾特质。布波族既讲究物质层面的精致化享乐，即所谓"质感"，又标榜生活方式的自由不羁和罗曼蒂克。

子，而孩子一直都只被当成有待长成的雏儿。

是的，女性仍需努力。弗洛朗·凯利耶在书中也提到一些电视广告的例子，女性用千娇百媚的性感打破贪吃的伪禁忌。广告中的女人一边无比享受地吃着白乳酪，一边说："这样太堕落了！"当然，这是一种幽默，但明显带有性别色彩。与此相反，本书作者更推崇让-吕克·佩蒂雷诺[1]那种对美食的热衷和对乡土的依恋——他是用洞察入微、不浮夸、不附庸风雅的方式去弘扬美食文化的。

还在学校教书的时候，我很喜欢带初一的学生研读一首名为《巴巴和饼干》[2]的小诗，但直到退休那天我才知道，这首诗原来出自弗朗·诺安[3]的《寓言集》。这首诗把巴巴和饼干做了对照：巴巴成天浑浑噩噩，心满意足，恬不知耻地泡在甜滋滋的朗姆酒里；而饼干，抿紧嘴巴，用能想到的一切坏话来诽讥巴巴这个酒鬼。作者让这两个甜点角色轮番辩白，这短短的一幕让学生演出来真是妙趣无穷。它不仅是对贪吃，也是对生活的隐喻。最精彩的时刻并不在朗读这则寓言的时候，而是在讲解课文后的讨论中。我们很难得出一个明确的结论，应该做百分百的巴巴还是做百分百的饼干。我印象最深的是一位名叫尼古拉的有点胖嘟

[1] 让-吕克·佩蒂雷诺(Jean-Luc Petitrenaud, 1950—   )，法国美食专栏作家，电台和电视节目主持人。
[2] 这是一首拟人化的寓言诗。"巴巴"是一种浸过樱桃白兰地或朗姆酒的葡萄干蛋糕，像一个大腹便便的酒鬼，因其松软香醇的口感而大受欢迎，很快就被人吃掉了。饼干却因为口味普通而被收在铁罐子里，常常几个月都无人问津。
[3] 弗朗·诺安（Franc Nohain, 1872—1934），法国作家、诗人、律师。

嘟的男生，他打断我们充满哲思的讨论，兴奋地大叫："老师，我！我至少是百分之七十的巴巴！"我对他能得出这么精确的比例深感佩服。

菲利普·德莱姆[1]

[1] 菲利普·德莱姆（Philippe Deleme，1950— ），法国作家，其代表作《第一口啤酒》曾在法国创下百万册销量的纪录。

引　言

由馋（gourmandise）一词引发的

我翻阅词典查找"gourmandise"一词，却对找到的定义一点也不满意。它只有一个狭义的解释，常常和饕餮（gloutonnerie）与贪吃（voracité）这两个词混为一谈。由此我得出结论，词典编纂家固然令人钦佩，却不如那些可爱的博学之士，后者深谙美食之道，懂得优雅地享用浇了奶油酱汁的山鹑翅，翘着小拇指品尝一杯拉菲或伏旧园 [1] 的红酒。

——布里亚－萨瓦兰，《厨房里的哲学家》,"冥想十一,关于贪馋"

....

[1] 伏旧园（Clos-Vougeot）是世界上最知名的葡萄种植园之一，位于法国勃艮第葡萄产地的最北部。

虽然"gourmandise"一词直到中世纪末才出现在我们的文献手稿中（法国大约在1400年，英国大约在1450年），但这个词可谓源远流长，可以追溯到3世纪至4世纪基督教兴起之初的东方修会。"gourmandise"这个词虽然流传至今，但它的意义在不同时代都经历过明显的变化。

"饕餮""讲究吃食""贪馋"是"gourmandise"一词的三个不同释义。在西方，这三种释义大致对应了三个历史时期。最古老的含义指的是暴饮暴食，比如拉伯雷的《巨人传》中各种无节制的大吃大喝就在此列。这里"gourmandise"是贬义词，指一种非常可怕的恶习。西班牙语的"gula""golosa""golosoria"，意大利语的"gola"和葡萄牙语的"gula""guloseima""gulodice"都是从拉丁语的"gula"（喉咙）一词衍生出来的，都是"贪食"的意思，这是中世纪基督教明文规定的七宗罪之一。后来，"gourmandise"渐渐有了第二种积极正面的含义，在17、18世纪的法国风靡一时，法语中的"gourmet"（美食家）在欧洲变成了

《伊甸园》,展现了原罪和亚当与夏娃被逐出天堂的场景。出自《贝利公爵的豪华时祷书》,15 世纪

一个传播度很广的词。英国人一度更青睐"epicure"[1]一词，直到法国出现美食评论后，才于1820年接纳了"gourmet"一词。于是，"gourmandise"有了纯真、贪嘴和讲究吃食的意味，好的"gourmandise"指的是热衷美食、美酒和一起用餐的良伴。但饕餮（glouton）的行为依然很普遍，总是遭到教会和道德家的谴责，也常招致世人诟病，把它等同于那些没受过教育、丑陋贪婪、狼吞虎咽的饿鬼。终于，"gourmandise"的词义开始具象化并有了复数形式，成了"friandise"（精致点心）的同义词，让人联想到男人拿点心"献殷勤"、女人娇滴滴地小口吃正餐以外的零食的场景。这个词起初是指咸味的点心，到了18、19世纪，甜点风靡，在一个性别区分度很高的世界里，精美甜点成了女人和孩子的专享，而男人追求的则是美酒佳肴。"gourmandise"一词越来越女性化和幼稚化，尤其是幼稚化的寓意让它身价大贬，这可怕的大罪演变为那些被认为是不成熟的人的天生缺陷。

19世纪初先后出现了"gastronomie"（美食学，1801年）和"gastronome"（美食家，1802年）等新词，并迅速被其他欧洲语言所采纳。不像"gourmandise"那样因词义暧昧不清而身价大跌，"gastronomie"等新词大有取代其比较高贵的那部分词义之势。这些新词甩掉了宗教方面的寓意和情色方面的暗示，又因为是从希腊文衍生而来，故而显得非常科学。"gastronomie"是一

---

[1] 指讲究饮食、喜好口福之享的人。

个名叫约瑟夫·贝尔舒[1]的律师结合希腊语的"gastro"（胃）和"nomos"（准则）所创造的新词，最早出现在他于1801年发表的一首诗中，"gastronomie"指吃得好的艺术，而"gastronome"指热爱美食之人。"nomos"这个词根让人联想到"有节有度"的概念，换言之，变成了一种合理的热爱，还意味着对举止得体之礼仪的推崇。"gastronomie"这种高深的词可不是供我们调侃的。

　　"glouton"指的是一种恶习，行为不端；"gourmand"指的是一种本能的、原始的生活之乐；而"gastronomie"则成了一门严肃的学问和熏陶。这段1700多年前发源于东方沙漠地带的历史是否就此落下帷幕？显然，从18世纪起，我们生活的环境从物资匮乏到丰富，再加上基督教会的影响大大削弱，故而重新定义"gourmandise"这个词就在所难免。我们是否可以由此得出结论，认为当今西方社会不再把口腹之享当作罪恶？未必，只要世人还在崇尚年轻、紧实、苗条的身体，那么"贪食即罪恶"的观念就会常变常新。然而，尽管有一种医学论调强势回归，摆出一副说教的口吻，成天抨击西方人营养过剩，但"gourmandise"远没有屈服妥协。近年来，"gourmandise"在文化遗产和身份认同方面的价值得到认可，同样乐享生活的老饕、热爱乡土风味的美食爱好者和精英美食家也大有合流之势，这些都是当下再度确保

----

[1] 约瑟夫·贝尔舒 (Joseph Berchoux, 1760—1838)，法国诗人和幽默作家，出生于一个公证人家庭，曾做过律师和法官。他于 1801 年写了一首关于美食的诗歌，诗中写道："什么都不应该打扰一位正人君子用餐。可以嘲笑一切但不要冒犯任何人。一首诗永远都比不上一顿美餐。"

"gourmandise"的社会合法性的途径。

历史学家"就像传说中的吃人妖怪，一嗅到人肉的味道，就知道哪里有他的猎物"。让我们把历史学家马克·布洛克[1]在《历史学家的技艺》中说的这句话化为己有，踏上妙趣横生的探索"gourmandise"之旅。

----

[1] 马克·布洛克（Marc Bloch, 1886—1944），法国历史学家，年鉴学派创始人之一，代表作有《法国乡村史》《封建制度》等。

第一章

中世纪的饕餮或口腹之欲

一个修士离开修道院来到村里，请旅店老板给他肉吃。老板回答他说，肉还要再煨一煨。修士对他说："赶紧给我把肉用铁钎叉起来烤熟！"就在老板准备把肉叉起来的时候，修士急不可耐，切了一块肉下来丢进炭火里。然后他抓起滚烫的肉塞到嘴里，但立马就倒地不起了。他因为吃得太急被噎死了。

——奥东·德·克吕尼，《小食》，917—927 年

《在地狱里对贪吃、懒惰和好色之徒所施的酷刑》，意大利宗教书插画，15 世纪

　　1389年5月，法国国王查理六世在圣德尼皇家修道院组织了一个盛大的骑士节。国王、王后及其同伴都年轻气盛、不拘礼节、毫无顾忌，他们暴饮暴食、歌舞嬉戏，使这场节日活动沦为一场狂欢的筵宴。用历史学家儒勒·米什莱[1]的话说，这是"在坟墓边纵酒狂欢"。一些酒足饭饱的宾客，包括一些高级教士，不惜设法让自己呕吐以便继续大吃大喝。

　　"我劝诫……后世避免类似的糜乱行为；因为，不得不说，通宵达旦、沉湎酒宴的爵爷们已然酩酊大醉到无视国王的地步了。他们中有些人放任自己纵欲和通奸，玷污了圣洁的修道院。"圣德尼皇家修道院的米歇尔·班多安修士在《查理六世编年史（1380—1420）》中这样写道。当时的编年史作者们以三重丑闻之名谴责了这种乱象：折损皇家的尊严，辱没神圣的场所，玷污承载卡佩王朝记忆的神殿。尤其是堂堂一国之君竟然也难逃"贪食"和它那邪恶的姐妹"淫欲"的操纵。诚然，这是在用宗教的眼光看待世俗之

---

[1] 儒勒·米什莱（Jules Michelet, 1798—1874），法国历史学家，被誉为"法国史学之父"。

人，但发生在圣德尼皇家修道院骑士节上的种种，反映的是法兰西王国在14世纪和15世纪所经历的一场更为深重的道德危机。在此之前三十多年，法国骑兵在普瓦捷战役（1356年）中溃败而颜面扫地后，"贪馋"不就已经广受声讨，受到指控，说它令贵族萎靡软弱、丧失战斗热情吗？

贪食，七宗罪之一

"gula"一词源于拉丁语中的"喉咙"，基督教会用它来代表"贪食"这一大罪。这一罪行出现在基督教历史上有其特殊的地理和人文背景，和沙漠教士有关，这些隐修士在埃及沙漠中建立了最早的修道院。为了让灵魂无羁无绊地飞升向神，这些隐修士让他们的身体忍受严酷的苦修。大约在365年，为方便修士们苦修，埃瓦格尔·勒彭蒂克[1]列出了魔鬼用来引诱人类堕落的八大罪恶与邪念。第一大诱惑是与斋戒和禁食背道而驰的贪馋，第二大诱惑是淫欲；"贪食-淫欲"这对将祸害千年的地狱组合就此诞生。八大罪恶为贪食、淫欲、贪婪、忧郁、愤怒、倦怠（懒惰）、虚荣和傲慢，从肉体的罪行到精神的罪行，这种顺序表明一种等级——罪行的严重性是递增的，傲慢这一罪行最严重。但它同时也表明了一种进程，即贪食会引发其他罪行。因此，修道院的戒律尤其注重禁止

---

[1] 埃瓦格尔·勒彭蒂克（Evagre le Pontique，345—399），公元4世纪生活在埃及沙漠中的苦行僧。

贪食，把饮食减少到仅能满足身体的基本需求——维持生命并能够完成必要的工作即可，严格规定每日所需饮食的质和量，明确固定的饮食时间，尤其要建立一个以斋戒为标志的禁食制度。

> 若非天堂的本质和意象，斋戒是什么？斋戒是灵魂的滋养，精神的食粮，天使的生命，错误的消弭，债务的清除，救赎的良方，圣宠的根源，贞洁的基础。通过斋戒，我们能尽早到达上帝身旁。
>
> ——米兰主教盎博罗削[1]，4世纪

大约在420年，让·卡西安修士沿用了八大罪恶的定义，随后将其传播到西方的修道院。6世纪末，教宗额我略一世在他的《伦理丛谈》中重新思考并调整了其排列顺序，将其修订为七大罪恶。额我略一世按照罪行严重性递减的顺序，将傲慢排在首位，认为它是一种过度自恋，而贪食排在倒数第二位，就排在淫欲前面：虚荣-傲慢、嫉妒、愤怒、忧郁、贪婪、贪食和淫欲。额我略一世所总结的，是中世纪伦理和文化中的基本罪行。自13世纪起，尤以当时刚创立的托钵修会、多明我会和方济各会为代表的各教会用来教诫所有基督徒的七宗罪就源于此。第四次拉特朗公会议规定信徒每年必须告解一次，主要自省有没有触犯七宗罪。不过，罪行的排序

---

[1] 盎博罗削（Ambrose，约340—397），天主教会公认的四大教会圣师之一。

又得到了些许调整，成了此后经久不衰的标准形式：贪食排在第五位，位于傲慢、贪婪、淫欲和嫉妒之后，愤怒和懒惰之前。

贪馋，一个会惹出大祸的小罪恶

教会所谓的贪食罪有何含义？教宗额我略一世认为，贪食罪以多种形式存在：在正餐之外吃东西，或是提前就餐；超过生理需求的暴饮暴食（"多于所需"）；贪心不足；追求精心的烹调（"奢侈"）、更为丰盛的餐食和精美的菜肴（"讲究"），等等。尽管修道士的影响显而易见（尤其是对提前吃饭的谴责），但是从修道院到俗世，贪食的意义发生了改变。贪食罪第一次受到宽待，被认为只是有违节制（mediocritas）的美德，不再被视作与肉体的禁食和苦修相悖。然而，由于生理上的需求与进食时的欢愉无法截然分开，这一罪行就变得模棱两可、难以界定，一直存在甚至越发无所顾忌。

中世纪的神学家并不深究贪食罪本身，认为它不过是无伤大雅的小毛病，而更关注它所招致的危险后果。教宗额我略一世认为，荒唐的乐事、伤风败俗、失贞、多嘴多舌、感官退化是"贪食"的五大邪恶之女。醉酒对贪吃之人在言语和身体上的不良影响是尤其要受到谴责的：举止轻浮可笑、哼唱淫词艳曲、口无遮拦亵渎神明、话多、迟钝、傻乐……祸从口出一部分是因为贪食，另一部分则是出于愤怒、嫉妒或淫欲。如果修道院强制规定在用餐时保持安静，并用高声诵读《圣经》篇章来代替交谈，就是要提醒世人，提防"吃多了就容易话多"这个生理和世俗现象。精神食粮比口腹之欲更重要，听觉比味觉境界更高。嘴巴是一扇敞开的门户，容易受到恶魔的攻击，它也是言语和食物的交汇处。

晋升为大罪，贪食会导致一些更加严重、有时甚至会致命的罪行，比如饱暖思淫欲。暴饮暴食，尤其是对肉类和辛辣调味品的过量食用会刺激肉体与精神的亢奋。在《农夫皮尔斯》[1]中，魔鬼携带着香料，在去往教会的小道上等待贪吃之人。神学家让·德·吉尔森[2]在教导听众时举了一个例子：一个天性好色的男子在吃过一道辛辣的菜肴之后，马上犯了淫欲之罪，胡言乱语，与他人互相抚摸身体，道德感也摇摇欲坠。醉酒是贪食罪的极其严重的形式，它会导致争吵、暴力行为，甚至是杀人，让人口出淫词秽语甚至亵渎神灵，爱抚与触摸会引发婚外性关系和不以生育为目的的性行为。贪吃之人可能是造成社会混乱和骚动的原因：因为他吃的食物远超过自身生理需要，或者相对于他的社会阶层而言吃得过于奢侈，这会动摇上帝建立的、理应恒久不变的社会根本。

邪恶、龌龊、不合群，"贪食"被视为一种无耻行径。作为一种最初出现在中世纪司法文献和文学中的脏话，"贪食者"（glouton）以及它的衍生词（gloz, glot, glou）都有"狼吞虎咽的

---

[1] 又名《农夫皮尔斯之幻想》，是一部14世纪晚期的头韵体长诗，通过描绘梦中的景象来展现中世纪英国社会各方面的生活图景，采用寓言故事来惩恶扬善，相传为中世纪英格兰诗人威廉·兰格伦（William Langland, 1332？—1400？）所作。
[2] 让·德·吉尔森（Jean de Gerson, 1363—1429），法国神学家、教育家、诗人，巴黎大学校长。

画家不详，《地狱》局部，16 世纪，威尼斯总督宫

人""道德败坏的人""放荡的人"之意，而这离淫欲之意也不远了。暴食者同样意味着贪心、贪婪、贪欲。用它的阴性形式辱骂女性时，贪吃的胃口和放纵的性欲之间的联系就更加明显。将一位女性称作"贪食者"（gloutonne）或"贪吃鬼"（gloute）就等于把她看作一个荡妇。1260年5月31日，法国马诺斯克的一位法官痛骂一位女性："疯狂又'下流'的荡妇，你会被烧死的！"1404年2月，第戎的一位母亲看不惯女儿和不三不四的人交往，冲着刚回家的女儿劈头盖脸地骂了一句："你死哪儿去了，贪吃鬼？""friand"（贪食者）一词尽管用得很少，但是也可以作为骂人的话，值得注意的是，其中也有性的意味。从"glouton"到"friand"，这些词之所以臭名昭著，是因为"贪食-淫欲"的联想，这表明在中世纪末，不仅是教士，连一般民众都将胃和小腹这两个概念相提并论。俗话说得好："吃饱喝足了就要跳舞。"[1]

贪食是一种原罪吗？

贪食罪的依据来自《圣经》中的哪些段落？事实上，七宗罪的名单并没有写在《圣经》里，"十诫"中也没有贪食，并且《马太福音》中还有这样的断言："入口的不能污秽人，出口的乃能污秽人。"（《马太福音》15：11）[2]不过，《旧约》中有很多故事，

---

[1] 就是"饱暖思淫欲"的意思。
[2] 本书中引用的《圣经》文本皆采用和合本。

从基督教早期开始就被解释为贪食罪的依据。以扫因为一碗小扁豆汤而放弃了长子继承权，表明他对食物本能的渴望，更何况小扁豆汤不过是一道再普通不过的菜；挪亚淫荡的舞蹈导致他儿子闪的后代受到诅咒，还有罗得的乱伦行为和荷罗孚尼之死；这些都引起了世人对醉酒的谴责。在前往应许之地的路上，从以色列人开始渴望比上帝所赐的吗哪[1]更美味的食物开始，他们就逐渐陷入狂热，所以说这段故事谴责了贪食（gastrimargia），把贪食看作对口腹之享的膜拜。在一次丰盛的宴会上，希律王下决心要杀死施洗者约翰。《圣经》中可以用来训诫不要贪食的故事不胜枚举，而且原罪也可以归咎于贪食。

《创世记》里，引诱人的蛇问夏娃：

> "神岂是真说，不许你们吃园中所有树上的果子吗？"女人对蛇说："园中树上的果子我们可以吃，惟有园当中那棵树上的果子，神曾说，你们不可吃，也不可摸，免得你们死。"蛇对女人说："你们不一定死，因为神知道，你们吃的那天眼睛就明亮了，你们便如神能知道善恶。"于是女人见那棵树的果子好作食物，也悦人的眼目，且是可喜爱的，能使人有智慧，就摘下果子来吃了。又给她丈夫，她丈夫也吃了。
>
> ——《创世记》3：1—7

---

[1] 吗哪（Manna），《圣经》中希伯来人在穿越西奈半岛时所获得的神赐食物。

除了著名的奥古斯丁，中世纪的其他神学家都认为，原罪不仅仅源于傲慢和不服从，也可以是由贪食引起的。4世纪时，米兰大主教和教会之父益博罗削在《创世记》中写道，"一旦引入食物，世界末日就开始了"，贪食"让人类被驱逐出天堂，他们原本是那里的主人"。让我们再来听听一位13世纪的传教士"乔巴姆的托马斯"是怎么说的："贪食是一种可恶的罪行，因为人类就是因为贪食罪而堕入尘世的。事实上，即便像很多人说的那样，第一宗罪是傲慢，但如果亚当不在此之上又犯了贪食罪，那么他绝不会被罚，之后的人类也不会跟他一起遭殃。"贪食不仅仅是原罪的起因，它**还无法挽回地勾起淫欲**。让我们再读一读伊甸园的故事。亚当和夏娃吃下果子，"才知道自己是赤身露体，便拿无花果树的叶子，为自己编作裙子"（《创世记》3：7）。从5世纪的让·卡西安修士的作品开始，这两种贪恋肉体享受的罪行就是紧密联系在一起的，过度的贪食免不了会生出淫欲。除此之外，教宗额我略一世用一种带有解剖学意味的论证强调，"从人体器官的分布位置来看，生殖器官就位于腹部之下。这解释了为什么后者一旦被填得过满，这些生殖器官就会产生性欲"。诱人的夏娃其实就代表了苹果给人的联想，结实又丰满，让人想起模特儿裸露的乳房。在贪食和淫欲之间，拉丁语中"carne"一词完美阐释了两者之间暧昧的渊源，它既可以指肉欲又可以指肉类。

根据一种强调《旧约》和《新约》之间相似性的经典解读来看，《新约》中同样包含一些章节，可以用来进一步肯定贪食和淫

卢卡斯·克拉纳赫,《夏娃与原罪》,约 1526
年,佛罗伦萨乌菲齐美术馆

欲之间那种密不可分的关系，以及贪食在原罪中扮演的重要角色。使徒约翰在他的第一封书信中写道："因为凡世界上的事，就像肉体的情欲，眼目的情欲，并今生的骄傲，都不是从父来的，乃是从世界来的。"（《约翰一书》2：16）这一段通常被认为在暗指七宗罪，首先提到的"肉体的情欲"让人联想到"贪食-淫欲"这对组合，因此也会联想到原罪。特别值得一提的是，在沙漠中经历了四十天的斋戒之后，当饥肠辘辘的基督经受魔鬼的三重诱惑时，他首先抵制住的是食物的诱惑。"那试探人的进前来，对他说，'你若是神的儿子，可以吩咐这些石头变成食物'。耶稣却回答说，'经上记着说，人活着，不是单靠食物，乃是靠神口里所出的一切话'。"（《马太福音》4：3—4）在保罗写给腓立比人的信中，他也说那些以"自己的肚腹"为神、"专以地上的事为念"（《腓立比书》3：19）之人终将沉沦。中世纪的神学家和传道者从中看到这和他们的见解是契合的，即把贪食与原罪联系起来对《创世记》中的故事进行阐释。这样看来，宗教画中的地狱以火焰、幽闭空间和烟雾为特征来表现，想必是从厨房得到了灵感，用吞食罪人的兽化魔鬼张开的血盆大口来象征地狱之门，这一切都不是巧合。贪食作为人类罪恶天性的根源，甚至在描绘地狱的图景中都留下了它的印记。

贪食百丑图

中世纪的《圣经》手抄本、教堂里的壁画和雕饰无不刻画着贪食者的形象。图画内容常常是一个大腹便便的贪食者，坐在摆了一盘肉和一壶酒的餐桌前，因为这最通俗易懂地表现了饕餮罪。七宗罪被铐在一起游行前往地狱，这个绘画素材出现在很多15世纪的《圣经》手抄本和宗教建筑的壁画上。一个大腹便便的肥胖男人，一手拿着酒壶，一手抓着肉，骑在一头狼或母猪上，这两种动物在著名的中世纪动物寓言中象征着贪食。熊也一样可以表示贪馋，尤其是在让·德·吉尔森的作品当中。英国最著名的描绘贪食者的画作之一保存在诺里奇大教堂，画面中贪食者骑在母猪上，手里端着两杯啤酒而非酒壶，这是对西方绘画中罪行群游的主题进行本土化改造的典型例子，显然是考虑到这样做更容易打动信众。

在中世纪最后的两百年里，下地狱者遭受的苦刑在绘画中被描绘得十分细致，什么样的大罪要受到怎样的惩罚，一目了然。14、15世纪意大利的壁画通常让贪食者遭受"坦塔罗斯酷刑"。在希腊神话里，坦塔罗斯因偷窃众神的食物，被罚永世站在长满鲜果的树下，忍受干渴与饥饿。在比萨，博纳米科·布法马可[1]画笔下的地狱（1330—1340），正如塔代奥·德·巴尔托洛[2]所绘的圣吉米尼

---

[1] 博纳米科·布法马可（Buonamico Buffalmaco，约1315—1336），意大利画家，曾在佛罗伦萨、博洛尼亚和比萨等地工作。
[2] 塔代奥·德·巴尔托洛（Taddeo di Bartolo，约1363—1422），意大利锡耶纳画派画家。

安杰利科,《最后的审判》局部,约 1431 年,佛罗伦萨圣马可博物馆

亚诺城的地狱（1393—1413），那些贪食的男男女女都围坐在一张摆满烤禽肉的桌子面前，这是当时最诱人的一道名菜，桌上还放着爽口宜人的葡萄酒。恶魔们只许他们饱饱眼福，却不准他们享用。这边的贪食者们饥肠辘辘地扑向魔鬼手中的烤肉串，那边的贪食者们被迫吞吃魔鬼的粪便。这些人口中时不时冒出绿蛇，专指口腹之罪。

借鉴了15世纪末《牧羊人日历》中的版画，法国阿尔贝大教堂的壁画在构思上和意大利壁画的"坦塔罗斯酷刑"殊途同归。画面中，贪食者面对的是丰盛却难吃的菜肴，令人作呕的癞蛤蟆替代了美味的烤禽肉，魔鬼们强迫他们吃下去。同样的处理手法也出现在佛兰德画家希罗尼穆斯·博斯描绘七宗罪的作品（约1475—1480）中：入座的贪食者被迫吃下癞蛤蟆、蛇与蜥蜴，而且要把它们活活吞入腹中！在这种恶心的中世纪动物寓言里，蠕虫同样也被用来折磨贪食者。中世纪创作里最丑陋、最恶心的动物（癞蛤蟆），潜伏在黑暗与潮湿中，自13世纪以来就被托钵修会刻意选中，用于教导人们抵制贪食罪。可以说，它既象征着贪食罪，也象征着犯此罪者会受到的惩罚。在布道者痛责贪食罪的教化故事里，要么是癞蛤蟆从一只准备烧给酒足饭饱的宾客吃的肥母鸡的肚子里突然跳出来，要么是醉鬼杯中的葡萄酒变成了癞蛤蟆，要么是癞蛤蟆把一个囤积粮食的贪吃的吝啬鬼吞进了肚子……犯了贪食罪的人也可能被魔鬼直接吞食，或者由可怕的厨师在热气腾腾的锅上煎煮，或者听凭刻耳柏洛斯[1]的摆布。这条但丁《神曲》里的巨虫，长着利爪和三张恶犬般的血盆大口。

权贵的罪行

这些图像恐怖至极，足以用来教导信徒何谓贪食罪，尤其是贪食所招致的风险。它们能让信徒精准地辨别出他们所犯的罪行，说出罪名，并让他们卓有成效地为口腹贪欲而忏悔。对历史学家而言，这些图像为贪食罪提供了珍贵的时代定义。中世纪描绘贪食者的画作中并没有刻意谴责某个性别，男人和女人都可能受到口腹之欲的诱惑。画作常常指向特定的社会阶层，例如巴尔托洛为圣吉米尼亚诺教堂绘制了大腹便便的修道士和雇佣兵队长，又如画家乔瓦尼·达·莫代纳[2]在博洛尼亚留下的画作，一位红衣主教在冲向烤鸡时被魔鬼的角戳瞎了眼睛。无论是达官贵族、朝中重臣，还是资产阶级、红衣主教，甚至是罗马教宗玛定四世，"都为了品尝博尔塞纳湖的鳗鱼和维奈西卡白葡萄酒而受到了斋戒的惩罚"（《炼狱篇》24：23—24），他们构成了《神曲》中游荡的贪食者的群像。

贪食被描绘成一种属于权贵的罪行，它和另外两种更为严重、

---

[1] 厄喀德那和堤丰的后代，希腊神话中的地狱看门犬。
[2] 乔瓦尼·达·莫代纳（Giovanni da Modena，1379—1455），意大利画家，约1409年起活跃于博洛尼亚。

博斯，《七宗罪》局部：贪食罪，15世纪末，马德里普拉多博物馆

更为危险的大罪也相去不远。对于那些钟鸣鼎食或食日万钱的人来说，贪食更接近于傲慢。在《路加福音》（16：19—31）关于坏财主与穷拉撒路的寓言故事中，贪食更接近于贪婪。贪食者贪婪地扑向食物的行为不禁让人想起守财奴扑向财宝的行为，贪食者和守财奴看不起穷人，而耶稣正是穷人的最佳写照，他们蔑视基督教推崇的仁慈和乐于分享的原则。富人在饮食上的过度花销让穷人得不到施舍，中世纪后期的作家非常同情穷人的悲惨遭遇。"单单一个贪食者一天花在饮食上的开销就足以填饱许多人的肚子"，多明我会的传教士艾蒂安·德·波旁曾这样揭露贪食者的罪行。同样，法国国王"勇敢者"腓力三世的告解神父洛朗修士也曾谴责贪食者"为了满足口腹之欲而浪费他们的钱财，这些花费足够让一百个穷人填饱肚子"（《恶习和美德概论》，1279年）。阿图瓦的神父埃洛伊·达梅瓦尔在15世纪末期曾痛心疾首地指出："他们的生活方式与坏财主如出一辙。"的确，贪食与金钱的关系在中世纪末的天主救赎计划中变得越来越微妙，因为贪食浪费了他人的辛勤劳动成果，从而贬低了工作的价值。

地狱餐桌上丰盛的美酒佳肴，罪人的脑满肠肥，受刑者的强制进食，坦塔罗斯难以忍受的永恒酷刑，无一不生动地说明贪食罪在于饮食无度，贪婪无节制，以及在用餐上花费过多的时间。然而，地狱餐桌上最诱人、最受欢迎的肉类——烤鸡和其他烤肉——还有烤肉串，在用餐开始时为了刺激宾客食欲而提供的烤猪肝串，配上高贵的葡萄酒，都表明对当时的人而言，"贪食"也指一味追求口

法国宗教书插图，13世纪，描绘了坏财主和穷拉撒路的寓言故事，伦敦大英博物馆

"有一个财主，穿着紫色袍子和细麻布衣服，天天奢华宴乐。又有一个穷人，名叫拉撒路，浑身生疮，躺在财主家的门口，巴望着能以财主餐桌上掉下来的食物碎末充饥……"

腹之享、注重美味珍馐的品质。著名的古罗马美食家阿皮西乌斯给
鹅喂无花果来养肥它们的肝脏，并给火烈鸟的舌头浇上酱汁。对于
中世纪的神学家而言，贪食者的原型不就是他吗？

对节制的颂扬

《王者镜鉴》[1]劝诫世上的皇族贵胄切勿受美食的危险诱惑。
暴饮暴食是贪欲的表现，也成了暴君的特征，如薄伽丘笔下的萨达
纳帕拉[2]（《名人逸事》，（1355—1360年），或是如皮埃尔·戴
伊主教在其诗作《暴君的人生真悲惨》（1398—1402年）中所写的
那样。在《福韦尔传奇》[3]中，同名主人公福韦尔是邪恶的典型以
及坏君主的代名词。在一场充斥着醉酒、暴食和伤风败俗的行为的
喜宴上，他与虚荣结盟。宾客们用那些邪恶的食物将自己塞得饱饱
的——"违背自然之罪"的油炸食物，"裹满欲望之罪"的糖衣果
仁，让这场婚宴沦为一场狂欢。这位暴君无餍的食欲暴露出他的自
私自利、缺乏理智以及贪得无厌，还有他对权力、感官享受以及物
质财富那难以满足的渴望。他的贪食统治着一个罪恶横行的朝廷，
奉承、淫乱、谗言、背叛侵噬着他，而他最终的悲惨下场可想而

---

[1] 一种阐说君王统治道德、王权理论与实践的中世纪文献。
[2] 萨达纳帕拉（Sardanapale），也作萨达纳帕勒斯（Sardanapalus）。据希腊作家克特西亚斯的记载，
萨达纳帕拉是亚述的最后一个苏丹，但事实上亚述的最后一个苏丹是亚述乌巴立特二世。克特西亚
斯作品中的萨达纳帕拉是荒淫无度的苏丹，死于纵欲。他的荒淫成了浪漫主义时代的一个创作主题。
[3] 14世纪的法国寓言诗，充满具有讽刺意味的浪漫情节。

知。这位暴君可悲地为感官所控，用保罗的话说，他以"自己的肚腹"为神，他是耶稣的敌人，贪食是他罪恶的烙印。

然而餐桌远非一个必然使人堕落的场所，它也可以是一个感化、完善人性的地方，这不正是在信徒用餐处画上耶稣用餐场景的初衷吗？同样，基督圣徒传记传统也非常强调"饮食节制"这一美德，圣路易的故事就是一个极好的例子。读一读路易九世终其一生成为圣人的故事，我们就会发现他恪守粗衣粝食的美德。虽然他力图跳出世俗的规范准则并贴近托钵修会的饮食制度，但是他在王公贵族的大型宴会中也得顾及他的地位和职责，而且还要考虑自身的身体状况。因为有所节制，他在酒里大量掺水；因为懂得分寸，他在辛辣的烤肉酱汁以及美味的汤中加水，让口味变得寡淡。他不仅不再吃自己钟爱的梭鱼，还将这道权贵餐桌上的佳肴用作慈善，施舍给穷人。相反，他自己选择吃那些通常被认为与他的地位不相符的粗鄙菜肴，比如豌豆；抑或是那些一点也不合他口味的食物，比如啤酒；而且他只在四旬斋期间才允许自己喝。圣路易还尽量做到沉静少言，避免祸从口出。诽谤、咒骂、亵渎神明，这些罪恶的产生通常与过度饮食有关。他还总是在席间进行大有教益的谈话。这位统治者非常推崇一种"克制饮食"的形式，这种饮食形式具有节制与适度的朴素特性。与圣路易同时代的卡斯蒂利亚王国和莱昂王国的国王"智者"阿方索十世，同样也要求他的随从在饮食上有所节制，并将这一点写入律法（《法典七章》）。葡萄牙国王杜阿尔特一世在他的著作《忠诚的顾问》中同样不忘论述贪食这种罪行的危害。

　　自觉的节食在天主救赎计划里也是值得称颂的。在13世纪的散文故事《寻找圣杯》中,一位隐士要求圆桌骑士兰斯洛特放弃吃肉喝酒。如果说面包、肉和酒在亚瑟王传奇中标志着贵族骑士的饮食,那么面包、水,可能还有一些蔬菜则标志着隐士对尘世的弃绝。以14世纪的神秘主义者"锡耶纳的凯瑟琳"为例,那个时代的人认为拒绝进食就是通往神圣的道路。但是教会能够将这些超凡入圣的饮食行为合理地灌输给所有信徒吗?连要求严苛的神学家让·德·吉尔森都质疑这种极端的饮食苦修,因为他认为这很有可能引起两样比贪食严重得多的罪行:一是愤怒,由于身体疲惫而变得性情暴躁;二是骄傲,因强迫自己做出了非常之举而扬扬自得。正如神学家托马斯·阿奎那所教导的那样,道德家和教育家强调节制的理念:那些不能让身体获得足够营养的人所犯的罪过不亚于那些想要过度饮食的人。这位《神学大全》的作者既不谴责吃喝的欲望,也不反对味蕾的享受——这些都是正常的,也就是说是上帝所期许的,因此本身并不邪恶;但他指责"毫无节制的食欲",这种行为使人类沦为禽兽。对食物的合理渴求关乎节度与平衡,是社会习俗层面的问题,这既能满足人类生理上的需求,同样可以使进食者达到精神上的惬意,并促进人际交往。在13世纪,这种节制的理念替代了禁食的理念。

饕餮、道德家与教育家

当教会意识到饮食是当时社会等级的外化体现、通过进食获得的快感合乎常理、宴饮交际是人类社会之必需的时候，贪食罪概念的世俗化就显得尤为必要。礼仪与良俗相辅相成的观念已经被普遍接受，制定一套餐桌礼仪就成了一条抵制贪食的世俗化途径。此举意在对贪食行为进行教化以去其兽性，避免形成"贪食-多言-淫乱"这种危险的连锁反应。道德家、教育家以及神职人员不再以令人作呕的方式描绘贪馋与暴食的场景，而是试图让饮食之乐为世人所接受。

"冲啊！吃猪肉！"贪食使人兽性大发、丧失理智。食欲过盛、狼吞虎咽的行为，被道德家描绘成了不折不扣的动物图集。作为法兰西国王查理六世和奥尔良公爵路易一世的座上常客，诗人厄斯塔什·德尚[1]在他的叙事诗里把宾客们描绘成了动物园里的动物："一个像母猪一样蠕动嘴唇……另一个像雌猴一样呲牙咧嘴。"贪食者恰科是14世纪佛罗伦萨贵族宴会上的常客，在《神曲》中，他在第四层地狱和但丁相遇，后来还被薄伽丘写进了小说《十日谈》，被世人冠上了"猪"的恶名。教士和道德家强烈谴责因暴食而导致生理失调的行为，尤其当这种行为发生在公共场合时。对于听告解的神父而言，为了继续进食而催吐的行为是贪食者

---

[1] 厄斯塔什·德尚（Eustache Deschamps，1346—1407），法国诗人，创作了3万多首讽刺叙事诗。

的标志，当神职人员这样做时则尤为恶劣。15世纪的意大利壁画上描绘了种种贪食罪行——一些贪食者暴食到不停呕吐的地步，这些清晰地再现了胡吃海喝的放纵行为。

从12世纪起，道德攻击的对象从餐饮的质和量更多地转向了席间宾客的举止，在中世纪《圣经》手抄本的彩绘图里，绝大多数宴会场景都被描绘得井然有序、整齐干净。阿拉贡国王阿方索一世的医生皮埃尔·阿方索博学多识，他在其著作《教士礼仪》里关于餐桌礼仪的章节"论饮食的礼仪"中指明，大口吞食是贪食的象征，在餐前吃面包表示性格急躁，而把最好的食物占为己有则是没有教养的体现。这套父亲用来教导儿子的忠告从伊比利亚半岛的地中海沿岸一直流传到遥远的北欧，在西欧备受推崇。从13世纪起，餐桌礼仪大多用本地语言编撰而成。这些礼仪规约由神职人员、公证人、法官、教育家以及医生编就，在意大利半岛中部和北部城市尤为盛行，比如米兰作家博瓦桑·德·拉里瓦[1]的著作《五十则餐桌礼仪规范》。作者用二百零四行诗制定了一套关于餐饮卫生、餐桌礼仪以及饮食适度的规范，以示对宾客身份的尊重，避免做出类似动物的粗鄙、卑劣行为让同席者反胃：

"第十则礼仪规范：当你感到口渴时，需先咽下口中的食物，并把嘴擦拭干净后才能喝水。嘴里仍有食物而大口饮水

----

[1] 博瓦桑·德·拉里瓦（Bonvoisin de la Riva，约1240—1313），意大利作家、诗人，以伦巴第语撰写了《五十则餐桌礼仪规范》。

的贪食者，会让同席者感到恶心。""第十六则礼仪规范：当你用勺子进餐时，不应大声吸食。用勺子大声吸食的男人或女人，正如吞食饲料的牲畜。"

在13世纪，撰写《致伽利尔摩的教育手册》的维罗纳学者则强调，暴饮暴食而不知餍足的行为不合社交礼仪，因为只有忍饥挨饿的穷苦人才会做出这种行为，权贵则不会。

这些用以劝诫神职人员、贵族以及资产阶级避免餐桌陋习的作品在欧洲俯拾即是，就连亚瑟王传奇和中世纪末期的小说里都不乏类似的劝诫。在德国，托马辛·冯·齐克莱尔[1]的诗作《南部客人》还教导青年贵族需要遵守的餐桌礼仪，比如手指只能触碰自己的食物、不能在头盘菜未上桌之前吃面包、不能在嘴里尚有食物时喝水或讲话、不能在喝水时四处张望、不能急着把邻座选好的食物拿走……在英国，写于1475年前后的《宝宝书》教导贵族子弟尤其不能在餐桌上抠鼻子、剔牙齿或者抠指甲。在法国，多明我会文森·德·博韦修士在为圣路易[2]的子嗣编撰的条规《论贵族子弟的教育》中特别指出了王子们在餐桌上的不雅举止：

有些人想把盘子清空，抓起菜肴就随处走动，滴着油汁汤

---

[1] 托马辛·冯·齐克莱尔 (Thomasin von Zirclaere，约1186—1235)，抒情诗人，代表作《南部客人》讲述了礼仪规范、宫廷爱情和骑士精神。
[2] 即路易九世，他被奉为中世纪法国乃至全欧洲君主中的楷模，被后人尊称为"圣路易"。

骑在猪背上的贪食者,《罪恶游行图》壁画,1510 年,圣塞巴斯蒂安小教堂

水，对同席宾客连挤带撞，把那些汤汤水水都溅在他们身上。他们把一桌子的饭菜乱翻一通之后，只管把挑剩下的面包皮丢回盘子里……还有些人直接伸手抓生菜吃而不用勺子，这样在填饱肚子的同时，顺便把手也揩干净了。

根据德国社会学家诺贝特·埃利亚斯的经典分析，习俗的文明化进程始于12世纪，在西方经历了缓慢的发展，刚开始只在精英的饭桌上流行。以基督教人文主义思想家伊拉斯谟的著名作品《论儿童的教养》（1530年）为例，这套经典礼仪深深根植于早期文献之中，借鉴了各种僧侣教规、礼仪规范、《王者镜鉴》以及中世纪时期对青年的其他告诫。"贪食＝缺乏教养"的等式随之出现，并经久不衰。

贪吃会严重损害健康吗？

疯狂地热爱食物是很危险的，它不只关乎公序良俗，还关乎罪人能否得到救赎，同样也影响到贪食者的身体健康。为了更好地使世俗之人远离贪食罪，教会绝不会置之不理。从13世纪起，教会里的权威人士就提出，贪吃严重有损人的生理健康。一个好神父在听取忏悔的时候，难道不该询问一下忏悔者可能身患由贪食引起的各种身体疾病吗？圣路易之子的告解神父洛朗修士在1279年就曾告诫："节制饮食、保持健康有重大意义，因为很多人都是由于大吃大喝而早早离世，因贪食患上了很多疾病。" 教士们洋洋洒洒列出过度饮食造成的种种疾病苦痛，用来控诉贪食的危害。其中不仅有发烧、麻痹、嗜睡、智力迟钝、恶心、呕吐和其他消化不良的症状，对于过度肥胖的女人来说，还会引起癫痫、瘫痪、水肿甚至不孕。就算贪食没有直接致死，贪食者也会受到这些疾病的威胁。14世纪初，意大利多明我会修士"圣吉米尼亚诺的让"曾写道："事实上，那些过于臃肿肥胖的身体很糟糕，这些人更容易被重病缠身，因为天然热量被闷在体内。"**贪食者最可恶的罪行或许就是对自己的身体犯下的罪**？对于信徒而言，比起通过斋戒来达到灵魂升华的宗教理念，这样的论据可能更有说服力。

而医生又有哪些营养学方面的论调呢？中世纪的营养学建立在针对每个人的"均衡、节制、社会地位稳定"的概念上，因此，医生的这种看法跟教会的主张有着不可否认的相似之处。为了保持身体健康，不能吃得太多也不能太少，且在上一顿饭消化完之前不能再进食，以免引起严重的消化问题。这种"不多也不少"的食量，既要看病人的性别、年龄、体质和性格，也要依他的职业、生活方式和社会阶层而定。中世纪医学坚决反对暴饮暴食和不规律的进食。让·德·托莱多（Jean de Toleto）曾在《保持健康》一书中告诫："贪食比利剑更要人命。"但他们并不反对美味佳肴给人带来的快乐。味觉上的愉悦非常有助于病人、孕妇和忧郁的人进食，还可以促进消化。因此，有一些医生，例如阿诺·德·维尔讷夫和马伊诺·德·马伊内里，开始研究调味之道，为的是让病人吃到更开胃的饭菜，消除食欲不振的症状。在意大利医生马伊诺·德·马伊内里的《健康饮食法》一书中，有关调味汁的一章《少许风味》甚至被独立编成图书在坊间流传。至于那些原本就有一副好身板的人，为了保持健康，只需相信自己味觉天生的喜恶，选择那些符合脾性的菜肴。正如13世纪的医生"锡耶纳的阿尔德布兰丁"所写的那样，"如果一个人身体健康，那么他吃起来觉得更美味的食物，对他而言也是更有营养的"。这样的教诲早就见于著名的《医疗健康全书》[1]，这是一部11世纪的阿拉伯医学名著，后被译成了拉丁语和各种通俗语言，极大地影响了欧洲营养学：美味的食物都无害，因此让人有食欲的食物就是健康的饮食。

就连糖果也得益于这样一种对它推崇备至的医学论调。蔗糖直到17世纪还被归在治疗领域，由药剂师贩卖。人们认为蔗糖可以促进食物消化，因此它也成了一种肉类、鱼类、蔬菜的调味品。从中世纪末期到文艺复兴时代，蔗糖为贵族的宴席增添了一种独特的酸甜滋味。同样，精英阶层还习惯在一顿饭接近尾声、即将撤下餐具时，上一道"离席点心"（boutehors），比如甜点、糖衣果仁和"卧房辛香点心"（一种糖渍辛香点心）。而果酱的特性则是在餐后"收胃"、促进消化。中世纪就有一系列药物专论和各种解毒大全（列举种种药物）。著名医师兼占星学家诺查丹玛斯[2]在他的

[1] 本书由伊本·巴特兰（Ibn Butlān）编写，书中配图涉及植物、动物、矿物和中世纪的日常保健生活，记载了各式各样关于植物和其他药物的好处与坏处，主旨只有一个：健康养生。
[2] 诺查丹玛斯（Nostradamus），法国籍犹太裔预言家，精通希伯来文和希腊文，著有以四行体诗写成的预言集《百诗集》。

《卓越万能手册》（1555年）里，既揭开了美容养颜的秘诀，又分享了各种果酱的配方。他认为果酱不仅具有治疗作用，而且还很美味。在这个文艺复兴时期的宫廷医师看来，木瓜可以用来制作"风味绝佳的果酱，且这种果酱可满足两个需求，一是有健脾消食之疗效，二是可供人随时开心享用"。而在比他还早四百年的12世纪的意大利，就有一个化名为梅苏埃[1]的人，在阿拉伯医学的影响下，写了一本《解毒药集》。这本书就已向病人推荐了"美味药物"，

亚伯拉罕·博斯，《背负七宗罪的人》，约1628年，法国国家图书馆

[1] 叙利亚东正教的一名意大利籍医生，著有《解毒药集》。他有多个名字和称呼，如伊本·马萨瓦（Ibn Māsawayh）、小梅苏埃（Mésué le Jeune）、乔安尼·梅苏埃·达马西尼（Joannis Mesuae Damasceni）等。

其中有做成果冻或甜酱的木瓜，有茴香味、丁香味、麝香味的蔗糖或蜂糖糖果，还有各种果酱配方，其中有四个配方都是以蔗糖为基础的。的确，在源自古希腊医学家盖伦[1]的医学传统中，不受味觉所喜的食物只会让人恶心反胃！

[1] 盖伦（Aelius Galenus 或 Claudius Galenus，约129—200/216），古希腊医学家、哲学家，其理论对欧洲医学发展的影响深远，包括解剖学、生理学、病理学、药理学等，著有《最好的医师也是哲学家》。

第二章

极乐世界的美食

来吧，无忧无虑的人们，伙伴们，

厌恶工作的你们，喜欢饫甘餍肥的朋友们，

痛恨拮据匮乏的人们，心胸开阔而不懒惰的人们，

只有吝啬鬼才习惯叫你们懒汉，

你们都来吧，一起去极乐世界，在那里，睡得越多，赚得越多。

——《极乐世界逍遥游》，1588 年

彼得·勃鲁盖尔，《极乐世界》，1567 年，慕尼黑老绘画陈列馆

　　一个艳阳高照的日子，三个胖嘟嘟的饕客在酒足饭饱之后衣衫不整地躺在树荫下熟睡，第四位饕客则在铺了一层水果馅饼的挡雨披檐下等待。一串串香肠竖起一排篱笆；一颗水煮溏心蛋长了腿，摇摇晃晃地朝三个熟睡的人走去请他们品尝；一只烤猪将自己的排骨和火腿送给人享用；一只烤熟的鸟躺在银制托盘上，伸长脖子任人宰割。甚至连树都是可以吃的，一棵小灌木是薄饼做的，另一棵树上结的果实是一罐罐蜂蜜，远处是一片牛奶湖和一座可丽饼山。这就是这幅画的构图。画中四人一动不动，张大嘴巴，等待菜肴自行到来。在这个安乐乡中，食物不需用汗水辛苦挣来，而是由大自然直接提供，甚至无须俯身捡拾。在彼得·勃鲁盖尔绘于1567年的画作《极乐世界》里，生气勃勃的不是人类，而是食物和餐具。就像在跳一支充满节日气氛的法兰多拉舞[1]一样，烤猪以一个大的旋转动作开场，接着教士的腰带和大衣、农夫的连枷和背脊、骑士的长枪和香肠篱笆跟着旋转，随后旋转起来的是端着圆形托盘的树，

----

[1] 法国普罗旺斯地区的一种民间舞蹈，跳舞时男女携手连成长队。

被树干贯穿的托盘使人想起日晷，像是邀人随时进餐。这个贪食的国度热情好客，来者不拒：举着连枷的农夫、拿着经书的教士和手持长枪的骑士使人想起旧制度[1]的三大传统阶级。极乐世界呈现出一个乌托邦式的反社会形态。在这里，不仅在美味佳肴带来的快乐面前人人平等，富裕丰饶的大自然更是让这个国度完完全全、安安稳稳地沉溺于懒惰和贪馋，并且丝毫不会遭到营养学、道德和宗教方面的指责。毫无疑问，伊夫·罗贝尔导演的《快乐的亚历山大》（1967年）一片中男主角的祖先就身处这个地方。关于极乐世界最初的文字描写不就是以这首对懒惰的颂歌"在极乐世界……睡得越多，赚得越多"而开头的吗？

中世纪的乌托邦

"En pays de Cocagne / Plus tu dors, plus tu gagnes"（法语）、"Nel paese de Cuccagna / Chi piu dorme piu guadagna"（意大利语）、"In the Great Land of Cockaigne / He Who Sleeps the Most Earns the Most"（英语）[2]……中世纪末和文艺复兴时期，极乐世界的寓言故事在西方广为流传，在意大利北部和日耳曼–佛兰德地区影响可能更大。极乐世界意为富饶之地，在我们现有的文献中，它第一次出现是在12世纪，以拉丁文"abbas Cucaniensis"（极乐

---

[1] 指 16 世纪晚期至 1789 年法国大革命爆发期间法国的社会和政治体制，亦指其经济体制。
[2] 这几句的中文意思都是"在极乐世界睡得越多，赚得越多"。

修道院）的形式出现在《布兰诗歌》[1]的第222首诗中。但是，我们还要耐心地等上一个世纪，才能在欧洲文学作品中第一次见到对极乐世界的描绘。写于13世纪中期的《极乐世界韵文故事》共有188行诗，其中用了156行来详细描绘这个世外桃源，乌托邦的主要特征就此确定。黄金国（El dorado）是中世纪极乐仙境的化身。在一些关于征服"新大陆"的叙事作品的想象中，在饥荒年代食品供给出现生死攸关的问题时，以这个想象的国度作为文学主题和意象的现象再度流行，到16世纪到达鼎盛，直到17世纪下半叶势头才有所减弱。历史学家让·德吕莫发现，在16世纪到17世纪，极乐世界的故事在法国有12个版本，在德国有22个，在意大利有33个，在勃鲁盖尔钟爱的佛兰德则有40个版本。

在历史学家雅克·勒高夫看来，极乐世界的的确确是中世纪的产物，甚至可能是中世纪唯一名副其实的乌托邦。然而，关于极乐世界的想象却可以追溯到更久远，因为它从《圣经》故事和古希腊、古罗马的传说中汲取灵感。譬如迦南美地，富庶丰饶，到处流着奶与蜜，是上帝给希伯来人的应许之地，但最重要的《圣经》典故非伊甸园莫属。在那里，人们不必为食物烦忧，不知饥饿为何物，更无须劳作去获取食物。这类地方拥有相同的地理环境：河流或泉水，树木和花园，丰饶又宁静的大自然。不过这片丰

----

[1] 又称《博伊伦之歌》或《卡尔米纳·布拉纳》，是中世纪一部用拉丁文、古德语和古法语所写的诗篇的手抄本，其中收录了11世纪至13世纪的254首诗歌和一些戏剧文本，于1803年在巴伐利亚博伊伦地区的本尼迪克特社团修道院被发现。

饶之地并非《圣经》里或神学家的人间天堂，尽管信众有一种把人间天堂"极乐化"的倾向。《创世记》（1：12）里讲："于是地发生了青草和结种子的菜蔬，各从其类；并结果子的树木，各从其类，果子都包着核。"安乐乡里的树木长出各式各样的菜肴，多到枝干都压弯了，土里直接长出糕点和奶酪。极乐世界里的食物多到吃不完，人们可以尽情吃肉，畅饮美酒。值得一提的是，大洪水消退之后，上帝才允许挪亚和他的后代吃肉，这一让步和人类生活状况的恶化有关。在挪亚之前没有人喝过葡萄酒，挪亚是第一个酿酒之人，也是第一个醉酒之人。作为和天堂相悖的存在，极乐世界颠倒了犯下原罪的后果：在那里，藤蔓上生出美味多汁的葡萄串儿，草原上长出让人垂涎三尺的薄饼。对于犯下原罪的人，《圣经》上有这样可怕的惩罚："你必终身劳苦，才能从地里得吃的。地必给你长出荆棘和蒺藜来，你也要吃田间的菜蔬。"（《创世记》3：17—18）

　　极乐世界的乌托邦同样也扎根在古希腊罗马时代，因为它和源源不绝倒出食物的"丰饶角"[1]的意象很接近。极乐世界和希腊神话中的黄金时代相去不远：那个时代没有战争、没有疾病、没有苦难，人们不需要工作，像神一样活着；大自然丰饶而慷慨，源源不断地生产食物。青春之泉的神话和"萨摩斯特岛的吕西安"在《真实的故事》里所描写的幸运群岛游记依然广为人知。在公元前

[1] 起源于罗马神话，形象为装满鲜花和果蔬的羊角（或羊角状物），庆祝丰收和富饶。同时，丰饶角也象征着和平、仁慈与幸运。

5世纪的古希腊喜剧中，如克拉底斯的《野兽》、特雷克勒忒斯的《近邻同盟》和斐勒克拉忒斯的《波斯人》等，许多独白与对话所提及的地方完全不比中世纪和文艺复兴时期的极乐世界逊色，例如烤云雀掉到剧中人物的嘴里，肉块在浓汤河上漂着，鱼儿自己送上门来，自行油炸后供宾客享用，爱琴那岛的馅饼和烤嫩羊肠从树上掉下来。极乐世界平静而自由，食物丰富而多样，人人都能青春不老、潇洒玩乐，这都是确保尘世幸福所需的条件。

极乐世界是追求物质享受的乌托邦，在这里，追求口腹之享和自由的性爱等肉体之乐并不罪恶。没人会责备"贪食"和"淫欲"，工作和商品交换的概念也不存在——有时会设一座监狱，为了关押那些异想天开要工作的人——因为大自然本身就能生产物质财富，日用品都具备自动生产的神奇魔力。这片乐土上，贪食、肉欲享乐和懒惰生生不息、欣欣向荣，不会受到任何指摘。吃饱喝足，衣冠楚楚，无忧无虑，人们活着只为追求快乐。

美酒佳肴堆砌而成的极乐世界

韵文故事、诗歌、滑稽剧、绘画、版画和戏仿地图都描绘过极乐世界令人食欲大开的美景。这个想象中的国度通常是一座岛屿，位于西方某处，远在天边，难以寻觅。这个国度要么确切位置不明，要么就是被以调侃的方式表述，比如在德国诗人汉斯·萨克

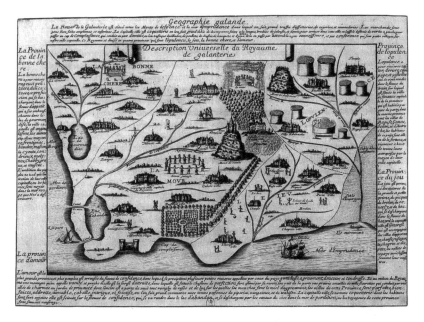

《殷勤王国包罗万象的描写》, 约
1650 年, 法国国家图书馆

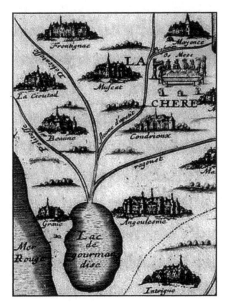

"美味珍馐省。美味珍馐省的河流分别
是可口、开胃、礼貌、精致和丰饶, 它们
一起汇入美食湖……"

斯[1]于1530年创作的《世外桃源》中，这片土地位于圣诞城之外三英里的地方；或者像薄伽丘在1350年前后的作品中提到的本戈迪[2]那样，距离佛罗伦萨迢迢千里；又或者如同佛兰德传说中充满珍馐美馔的仙境，要在漫漫长夜中长途跋涉才能抵达。人们要么坐船前往，在海上漂泊很久才能抵达；要么穿过一座美食堆成的山，拼命吃出一条路来，但一旦偏离小路就再也找不到回去的路了。

在那里，奶糊、意大利饺子、奶酪堆成了让人垂涎欲滴的山脉。江河湖海里流淌的不是葡萄酒就是牛奶，泉眼和井中涌出的不是水而是葡萄酒、玛尔维萨酒和蜂蜜酒。草地上长出了饼干，荆棘丛中结出了硕果累累的葡萄串，神奇的树上整年都长着熟透的水果、蜜饯、牛奶小面包、甜蜜的蛋糕、馅饼、烤山鹑和烤火鸡。餐桌上摆满了佳肴，且还在源源不断地上菜，等待饕客享用，锅里还不停歇地煮着食物。已经做成佳肴的牲畜、家禽，还有馅饼、连壳煮的溏心蛋都会自行走到食客面前。塞满碎肉的乳鸽和烤好的云雀肉掉到路人们的嘴里。猪懒洋洋地散着步，刀就插在背上，谁想品尝美味的排骨都可以切一块下来。河里的鱼都是已经煮过、烤过或用其他上百种方式烹调过的。篱笆、栅栏、围墙、把葡萄绑在葡萄架上的绳子，甚至牵狗的绳和驴子的笼头都是用红肠和短香肠串成的。房子的屋顶是由奶油水果馅饼、果渣饼、华夫饼做成的，墙则

---

[1] 汉斯·萨克斯（Hans Sachs, 1494—1576），德国16世纪著名的民众诗人、工匠歌手。他当过鞋匠，主要的成就是戏剧与诗歌。他提高了手工艺人的诗歌水平，把中古的宗教戏剧发展为反映人民生活的讽刺戏剧。
[2] 《十日谈》中第八日的第三个故事提到的虚构地名。

是用甜点、肉、新鲜的鱼（有狼鲈、鲟鱼、鲑鱼和西鲱）砌成的。在马克-安托万·勒格朗[1]于1718年写的一出三幕喜剧中，极乐世界王国里的"吐司女士"所居住的宫殿就是这样，宫殿以糖作为主要建材，柱子是麦芽糖做的，装饰物则是蜜饯做的。就连地下室都是美味的，蕴藏着糖矿和小杏仁饼。

在佛兰德人所谓的极乐世界里，终年都是春天和夏天，天气永远像五月一样明媚，温和舒适，香风拂面。在这个宜人的国度里，就算偶尔有一些恶劣的天气破坏这宁静祥和也用不着担心，因为下的雨是热馅饼和布丁，暴风雨带来的是糖衣杏仁和蜜饯，而下的雪则是白糖。

极乐世界的美味

尽管极乐世界的故事来自欧洲，并且自《极乐世界韵文故事》开始就已基本定型，但故事中依然存在着地域色彩，反映了地方美食的特点，还有13世纪到17世纪口味的变化。香料的味道，在中世纪宫廷美食和中古时代对天堂的想象中都扮演着举足轻重的角色。它的香味溢满了14世纪中叶英国-爱尔兰的《极乐世界》：有一种树的树根很好看，长得像生姜和油莎草，它的嫩芽像山姜黄，开的花像肉豆蔻，结的果像丁香，它的树皮像肉桂。更绝妙的是，"训

---

[1] 马克-安托万·勒格朗（Marc-Antoine Legrand，1673—1728），17—18世纪的法国演员和剧作家，1718年创作的《极乐世界的国王》是他的杰作。

童话《极乐世界》的插画，德国斯图加特·W. 尼奇克出版社

练有素的百灵鸟，落入人们口中，烧得多汁入味，撒了丁香粉和肉桂粉"。在西班牙版的富饶乡《豪哈岛》中，理所当然地保留了穆斯林富饶天堂想象对它的影响。在法国的极乐世界中河流里流淌着红葡萄酒和白葡萄酒，红葡萄酒来自博讷，白葡萄酒则产自欧塞尔、拉罗谢尔和托内尔等地。15世纪的荷兰诗歌《这来自高贵的极乐世界》深受法国韵文故事的影响，不过除了葡萄酒河之外，又多了一条啤酒河。

在意大利的极乐世界里，一大锅一大锅的土豆丸子倾倒在堆积如山的奶酪丝上，里科塔奶酪给河流镶上了白边，刷白了房屋的墙壁，墙面上点缀着一片片意式香肠。母牛是如此多产，居然能每天生一头小牛。在《十日谈》第八日的第三个故事中，薄伽丘调侃了天真汉卡兰德里诺，后者对一个叫本戈迪的国家赞叹不已：在那里，通心粉和饺子用阉鸡的高汤煮过后，从奶酪丝的山上滚下来。山脚下流淌着一条盛满维奈西卡醇酿的河，"那是最好的白葡萄酒，没有掺一滴水"。

16世纪摩德纳的一位佚名作家写道，"安乐乡"的地形主要是由一座"全部由奶酪丝堆成的山"构成，山顶有一个巨大的锅，里面装满通心粉，通心粉煮好后就从锅里冒出来——当时还没有要求煮到筋道弹牙的口感，之后它们就滚下山坡，裹上奶酪。这段美味之旅在平原上结束，并供饕客的肠胃享用。在一幅1606年的意大利地图上（米兰，雷蒙蒂尼收藏），依然可以看到这座山和喷涌的大锅仍傲然矗立在极乐世界的中心，煮好的通心粉喷涌出来，掉入一泓湖水——大概是为了给它们浸上酱汁；之后，拿着抄网的人们把它们捞起来。这座提供食物的神圣火山并未出现在德国与佛兰德的极乐世界中，却成了意大利极乐世界的特殊景观，也是那不勒斯狂欢节仪仗彩车的装饰主题。对极乐世界口味的描述也反映了不同社会阶级的口味。不出所料，市井小民钟爱猪血肠和香肠串、油腻的狂欢节甜点和香肠大战[1]。但这个美食乌托邦也将目光投向了贵族的餐桌，有禽类（山鹑、野鸡、山鹬），新鲜鱼类，优质小麦制作的白面包[2]和各式甜点（糖衣杏仁、小杏仁饼、果脯）。丰富多样的食物、铺张浪费的习惯等贵族餐桌上的特点也普遍见于极乐世界。在佛兰德的《极乐世界》（1546年）中，烤鸡太多了，多到当地居民把它们扔到篱笆外！极乐世界的菜肴体现了一种社会各阶级融合的口味，普罗大众的节日饭菜与精英阶层带有炫耀意味的饮食共存。由于没有宗教、社会和道德的禁令，每个人都可以尽情吃喝。食物的供应是绝对有保障的，不管是在质量上还是数量上。

烤肉和肥肉，对美味佳肴的遐想

正如"极乐世界"（Cocagne）一词的拉丁语词根"coquus"所显示的那样——这个词根还衍生出了德语中的"Koch"（厨

[1] 出自拉伯雷《巨人传》第四部"献给最尊贵的名闻遐迩的卡斯提翁红衣教主奥戴亲王"的第三十七章，庞大固埃召唤"吞香肠"和"切香肠"的两位副将并畅谈人名和地名的意义。约翰修士联合厨房师傅大战香肠人，战事最终以暴食狂欢结束。
[2] 当时只有富人才吃得到用小麦粉制成的白面包，而穷人只能吃以裸麦粉制成的黑面包。

师）和"Kuchen"（蛋糕），荷兰语中的"kook"（厨师），英语中的"cook"（厨师），而法语中的"coque"也有"糕点"的意思——极乐世界首先是一个食物充足的国度，当然也包含其他感官的享乐。从16世纪起，饮食在极乐世界的重要性就胜过了社会生活的其他方面，甚至大有取而代之之势。《这来自高贵的极乐世界》还描写了投怀送抱的美女，而一个世纪后的勃鲁盖尔画作所表现的就全是追求美食和甘于懒惰这类主题了。由此，极乐世界成为富足、肥沃、无忧无虑、便利的代名词。对于极乐世界的描述就像是列举一份由各式菜肴堆砌而成的菜单，足以让当时的民众看得垂涎欲滴，也满足了他们关于美味佳肴的遐想。不管是由街头歌手在一群看热闹的人面前吟诵的（1786年，歌德在威尼斯听到其中一首叙事歌提到了这个神奇的国度），还是节庆日在露天舞台上演出的，还是守夜时人们在印刷的小册子上读到的——关于极乐世界的传说故事总是用美食来吸引观众的注意力。《极乐世界逍遥游》（1588年）是专给"肥肉和美食的朋友、窘迫和贫乏的敌人"看的。这个美食之旅的邀约一上来就展示了一种截然相反的饮食模式，即追求上好的肥肉和丰盛的食物。当时西方社会的饮食素来呈现出油脂缺乏和饮食简陋的特征，所以对美味佳肴的遐想首先就是对肥肉的渴望：《极乐世界》里提到的"肥肉布丁"就显得非常油腻。"肥"成了社会力量、财富和安逸的象征。意大利语"popolo grasso"（胖子）指代的是中世纪意大利的市政精英阶层，"油腻的餐桌"则指的是丰盛、幸福的宴席；反之，"瘦母牛"指的就是悲惨的年

极乐世界的真实体验。
雅各布·乔登斯,《国王
饮酒》,16 世纪末,比利
时图尔奈美术馆

代。至于那些吃得好的人都有浑圆的身材，彰显出他们强健的体魄和充沛的精力，就像母亲和奶妈都希望自己的孩子长得胖乎乎的。在极乐世界出现的动物中，鹅象征了对油脂的渴望。作为一种很肥的家禽，鹅富含油脂，人们美滋滋地一再强调"肥鹅"甚至"很肥的鹅"，也从字面上带来了极其丰饶的感觉。而且，鹅不是用来炖煮，而是用来烤的。烤肉是继承了蛮族精英的权贵菜肴，在烤的过程中油脂会流失，而炖煮却一滴油都不会浪费。但在这个丰饶的乌托邦社会里，人们都无须担心油脂的损耗。至于猪，它在西方基督教的认知中是肥肉的代表，一看到猪就足以让人想到"富足滋润"。俗话说："猪可真是好，浑身上下都是宝，哪怕是用来做香肠的猪血，也是让人爱到忘不了。"老百姓对此很有体会，在冬季举行的杀猪祭神的仪式至今在农村都是少有的可以吃到鲜肉的机会，因此有时也会把婚宴定在同一时间。

　　极乐世界的菜肴远非杂粮粥、黑面包、菜叶子或菜根汤、劣质的酒这些西方大多数民众平常吃的食物。这里的菜肴以烤肉（烤猪、香肠、烤禽类）、甜品（蜂蜜、水果塔、华夫饼、可丽饼）和大量葡萄酒为主；可以说各色菜式应有尽有，质优量大。但在这个美食天堂里，有些肉类也是被排除在外的，比如穷人常吃的羊肉、膻味很重的狼肉和狐狸肉，还有难吃的马肉、狗肉和猫肉。同样，萝卜、栗子、橡果、蚕豆、豌豆以及水煮蔬菜在极乐世界中也没有一席之地。相反，相关文献强调，在西方世界最受追捧、最高贵的美味佳肴，列在首位的是禽肉，如山鹑肉、雉鸡肉、百灵鸟肉、山鹧肉、阉鸡肉、鹅肉、鸡肉……在极乐世界里，所有人都过着王公贵族般的生活。摆出来的食物都是节日盛宴上的美味珍馐，从吃不完的肉到油腻的甜品，从建在公共广场上的葡萄酒喷泉到新鲜的白面包，应有尽有，不一而足。

只是单纯的民间娱乐？

从中世纪末到文艺复兴时期，在德国、意大利、法国和英国举行狂欢节时必不可少的葡萄酒、肉类、肥油等极乐世界的美食，同节日本身一起对抗着四旬斋[1]。极乐世界的乌托邦首先是对节庆时光能够永不终结的憧憬。毫无疑问，仅仅通过菜肴，人们就能回忆起像婚礼、宰猪祭神和乡间游乐会时所经历的短暂的幸福时光，从而忘却平时朴素的生活和单调的工作。所谓"极乐世界夺彩杆"就体现了寓言故事与节日之间的巨大相似之处。每当城市和乡村举行欢庆活动时便会出现"夺彩杆"：高高的彩杆事先被抹了油，非常滑，而能登顶的人便能获得佳肴和美酒。爬杆时必须付出的努力令人联想到进入极乐世界所需经历的艰难之旅，而悬挂于高杆上的火腿、肥鹅和串串香肠则象征着极乐之树上结出的让人瞠目结舌的"果实"。文献证明，16世纪的罗马就在5月的节日里使用过彩杆。1425年的《一个巴黎布尔乔亚人的日记》对圣勒和圣吉尔

---

[1] 四旬斋也叫大斋节，封斋期一般是从圣灰星期三（大斋节的第一天）到复活节的四十天，基督徒视之为禁食和为复活节做准备而忏悔的节期。

教区举办的主保圣人节有这样的记载："人们在地上竖起一根长约十二米[1]的杆子，杆子被涂满圣油，顶部吊着一个装有一只肥鹅和六枚钱币的篮子。接着人们吃喝道，能不借助外力爬上杆顶抓住上面那只鹅的人，就将得到杆子和篮子，连着篮子里的鹅和钱币都归他。"因此，"给予一个极乐世界"意指为民众举办一场大吃大喝的欢庆活动。在这一表达方式中，吃喝的主题逐渐弱化，之后演变为一种单纯象征民众娱乐的固定表达。

不过，极乐世界的乌托邦还暗含着对现状的不满，肩负着反抗天主教教会的使命，尤其是反对后者提出的对饮食的种种限制、苦修、斋戒以及逢年过节必须禁食的规定。在《极乐世界韵文故事》中，一年到头就只有星期天和节日，因为工作并不存在。更妙的是，一年可以过四次复活节，而诸如圣约翰节、圣蜡节、四旬斋前忏悔节和狂欢节、诸圣节、圣诞节、葡萄收获节等也各有四个。相反，四旬斋期却每二十年才进行一次（在15世纪荷兰版的记载中，斋期更是一百年才有一次），而且斋戒期间，人们仍可以随心所欲地吃喝，大鱼大肉都不在话下。虽然这种特别的年历之后再无记载，但在16世纪至17世纪的文本或版画中，极乐世界、狂欢节和忏悔节三者的概念越来越趋同。在《狂欢节的离开》（1615年）一书中，当狂欢节不和俗世之人待在一起的时候，它就会把极乐世界作为平时度假的胜地，在那里，满载食物的彩车也可以加入狂欢游行

[1] 原文为"6 toise"，"toise"是法国旧长度单位，"6 toise"约合十二米。

的队伍，这类描写在18世纪上半叶的那不勒斯尤为常见。

最为激烈的抗议则是针对天主教让人产生罪恶感的教义。因此，对极乐世界的描绘最初出现在13世纪并非偶然，因为正是在同一时期，天主教会开始向信徒灌输必须唾弃七宗罪的思想；值得注意的是，文学中最早有关狂欢节与四旬斋之争的描写同样也可以追溯至13世纪。《极乐世界韵文故事》开篇就点明叙述故事的旅行者被教宗流放到这一传说中的国度受罚，因此，宗教是其所指对象就昭然若揭了。起初，极乐世界是对人间天堂的颠覆，不接受七宗罪，崇尚物质得到极大满足的世俗幸福。基督教价值观被彻底推翻，唯一重要的是满足肉体的需求。然而，极乐世界逐渐变成了一个单纯的狂欢节主题，抗议宗教的色彩也就淡化了。总之，这一寓言故事数百年来在民间广为流传，尤其体现了对一个尚未解决物资匮乏危机的现实社会的失望和担忧。极乐世界通过想象为饱受饥荒之苦的民众提供了一种逃离方式，正因为如此，英国人将其称为"穷人的天堂"。食物富足、不用担心明天、可以像贵族一样铺张浪费，这些都是对极乐世界之梦的定义，它首先就是一场饥饿被无限满足且被最终克服的梦。在极乐世界，贪吃的人能随时随地、随心所欲地吃到尽兴。在一个食物供给得不到保障的社会，极乐世界的寓言衍生了大量聊以充饥的文学创作。无论散文还是诗歌，在荒诞、诙谐且与酒相关的文学作品中，美食堆叠成山、饮食毫无节制、人们醉酒享乐，这是对当时因食物匮乏而产生失望情绪的回应，人们通过营造出纵情享受盛筵的美梦聊以慰藉。如同转瞬即逝的极乐之行，这些文章以及版画为人们提供了一种解脱、一时半刻的安慰、一次欲望的宣泄，这是对当时现实的回应：人们平时不能满足口腹之欲，长期斋戒，还要为青黄不接忧心忡忡，这种焦虑源于收获前夕存粮价格飞涨带来的压力。但极乐世界之旅在精神层面所扮演的角色是那些脑满肠肥的贵族精英们所无法理解的。

懒人、贪吃鬼和懦夫组成的令人憎恶的王国

美食乌托邦受到民众的热捧，以至于极乐世界的主题也被抨击"贪食–淫欲"这对搭档的人借用，揭露它是贪馋、懒惰、纵情声色的生活的源头。这一反转很早就出现了，早在14世纪初，《极乐世界》一书就已经借用乌托邦这一老生常谈的话题讽刺了爱尔兰熙笃会修道院放浪形骸的作风。在日耳曼地区，极乐世界是与疯子和疯狂的世界维系在一起的。佛兰德画家希罗尼穆斯·博斯在他的《愚人船》的中央画下一棵极乐之树，德国诗人塞巴斯蒂安·勃兰特笔下《愚人船》中的那群疯子，没带地图也没带指南针，就去寻找那个并不真实存在的世界，他们注定要在汪洋大海上漂泊："在愚人船上，欢歌笑语地朝地狱驶去的人要倒霉了。"18世纪德国霍曼公司印刷的一张讽刺地图上，地形学和地名都被用来强调只贪图享乐、放浪不羁的人会遭受的风险：胃帝国、金牛犊帝国、饮料国、淫逸共和国、游手好闲区、渎神城邦……尽管哥伦布在一封写给天主教诸王的信中把海地岛描绘成极乐世界的模

样，但对它的道德批判同样毫不留情："这是一片为世界上最懒惰的人打造的乐土。"

极乐世界的主题过于模棱两可，只要一个有暗示性的地名、一个滑稽可笑的姓氏或一个教化寓意就让寓言故事有了截然不同的内涵。因此，通往极乐世界的道路或许可以被称作误入歧途之路，接待旅客入住的旅馆可以叫"无忧无虑客栈"。真福者圣拉什或许可以担当这个地方的主保圣人，因为他庇佑"不务正业、游手好闲、懈怠懒惰、无所事事"之人。的确，在这个奇特的王国里，人们可以按照自己游手好闲的程度被授予骑士、伯爵、亲王或国王的称号。这些君王的名头和封号都带有讽刺意味，用以批判懒惰、贪吃和任性。帕尼贡（Panigon）的名字取得很贴切，表明他又懒惰又贪吃，这个词来源于意大利语"panicone"，意思是"吃货"。他戴上极乐世界的王冠，"不是因为他能带兵打仗，而是因为他是个胆小鬼"。法国一幅名为《对极乐世界及其富饶的描绘》的版画（16世纪末至17世纪初）明确了这点。至于极乐世界的皇后，她被冠以"尊贵的懒惰殿下"这样的雅号。在1546年佛兰德的一首关于极乐世界的诗中，要去往美妙又懒散的极乐世界，只要把"所有美德、荣誉、礼仪、智慧和艺术"都抛诸脑后就好了。但要提防游手好闲这个万恶之母，极乐世界和阴森恐怖的绞刑架不过咫尺之遥。这首诗就是专门写给堕落的孩子们看的，给他们提个醒。

这是一片被上帝唾弃之人的乐土，极乐世界成了一个不建议前往的丑恶之地，充斥着形形色色的无赖、懒人和贪吃鬼。脑满肠

希罗尼穆斯·博斯在《愚人船》的中央画下一棵极乐之树，巴黎卢浮宫

肥的吃货只是一条寄生虫，一条丑陋的消化道。他们把自己养得肥肥胖胖，拒绝工作，质疑社会的自然秩序。典型的颠覆常规的"油腻星期二"[1]被流放到极乐世界并非偶然。教育家和道德家把"好吃"和"懒做"紧紧联系在一起，那是因为他们不愿看到在极乐世界的梦想背后，其实是民众对摆脱食物匮乏的恐慌的向往。拒绝劳作、拒绝努力、拒绝商品交易，贪馋之人和危险的游手好闲之徒被归为一类。他们之所以被流放到极乐世界，是为了惩罚他们与前资本主义欧洲社会的劳动价值观的格格不入。

极乐世界被视作丑恶之地后，成了教化年轻人的工具。就这样，路易十四的长孙勃艮第公爵的家庭教师费奈隆编了一些寓言故事来教育他的学生。在其中一则名为《快乐岛游记》的故事中，他借用他所熟知的乌托邦叙事戏仿讽刺了极乐世界，谴责追求口腹之享的徒劳无益，而且还消磨意志，这些主题同样也出现在他的另一部作品《武勒马科斯历险记》（1699年）中。经过一次漫长的海上旅行，主人公，也是故事的叙事者，来到一个遍地都是甜食的岛上：有焦糖和冰糖的岩石、果泥山、糖浆河、甘草森林和长满华夫饼的树木。我们猜想年轻的王子一定被这个故事深深吸引了。不过很快，我们的游客就厌倦了触手可及的、源源不断的甜食，想要吃口味更重的美食，说白了就是"更显男子汉气概"的食品。他离开"糖果岛"去了另一个盛产"火腿、香肠和胡椒炖肉"的岛上。他

---

[1] 在基督教传统中，复活节前有一个为期四十天的封斋期，而"油腻星期二"（Mardi Gras）就是人们在斋戒前胡吃海喝、狂欢作乐的最后放纵。

"孩子们是否会受不了极乐世界的甜蜜诱惑？"P. 埃博纳的插画，选自一本德国童书，约 1915 年

从一个商人那里买了十二个小袋子充当胃袋，为了确保有足够的好胃口能在一天里吃下十二顿盛宴。但到了晚上，"他感到厌倦，因为一整天都坐在餐桌前吃喝，这跟一匹马成天在喂草架前吃草也没啥分别"——在这里又出现了"贪食-动物性"的联系——于是他决定第二天不吃东西，只要闻一闻香味就好。第三天，他参观了一座奇特的城市，那里的居民每人有一些愿望，"它们是些飘忽不定、会飞的小精灵，一旦主人想要什么它们就立马给他什么"；这样的有求必应，使这些人变得又懒惰又懦弱，他们的意志越来越薄弱，不断追求感官享乐，变得毫无出息，一切由妻子做主！这个寓言故事给年轻王子的教训是：

> 我的结论是，感官享乐，无论怎样花样多多，无论多么唾手可得，都会让人堕落，绝不会让人感到幸福。因此，我远离这些看似美妙绝伦的地方。我回到家中，在简朴生活、适度劳作、积德行善中找到了幸福和健康，而这些是一味追求口腹之享和纵情逸乐所无法给予我的。

第三章

天主教徒的逸乐，新教徒的简朴

　　我们也认同，在人可能犯下的所有大罪中，第五宗罪是最不会让人感到良心不安和悔恨的。在所有放纵行为中，这一宗罪也是最容易得到教会赦免的，因为教会本身也难免俗，大吃大喝起来没有太多顾忌。

——格里莫·德·拉雷尼埃尔，《饕客年鉴》，1803 年

一个只想着口腹之享的天主教教士。威廉·贺加斯，《加莱门》，1748 年，伦敦泰特美术馆

　　为了躲避政府对巴黎公社起义（1871年）的镇压，一个名叫
芭贝特的女人逃亡到挪威的一个小镇。她随身只带了一个包袱、一
张彩票和一封介绍信。她找到了工作，开始服侍一对独身姐妹，这
对姐妹是一位路德宗牧师的女儿。作为女佣，芭贝特什么活儿都要
干，在这个恪守清规戒律的教区度过了单调的十二年。这个教区崇
尚严肃节俭，弃绝尘世欢愉。有一天，从法国寄来了一封信，信上
说芭贝特买的彩票中了一万法郎的头奖。这对老姐妹深信芭贝特会
带着这笔钱返回家乡，于是就答应了她的请求：为已故的牧师即将
到来的百年诞辰准备一顿法式晚宴。受邀的宾客都来自这个路德宗
小教区，尽管他们对芭贝特隆重的准备工作和从法国运来的精致食
材感到惊讶，但是为了信守与姐妹俩达成的约定，他们承诺在晚宴
上绝口不提食物和饮品。在1883年12月15日的这天晚上，客人们许
下的承诺终究敌不过美酒佳肴的轮番进攻，更何况神秘的芭贝特曾
是巴黎一家高级餐厅的主厨，经常光顾这家餐厅的都是法兰西第

二帝国上流社会的人物。阿芒提拉多酒[1]、1846年的伏旧园佳酿和1860年的凯歌香槟[2]、海龟汤[3]、鹌鹑石棺派[4]，以及提子、新鲜的桃和无花果，这些美食让客人管不住舌头，心情愉悦。一时间，这栋肃穆的房屋都变得轻松活泼起来。客人们离开时有些窘迫，甚至有点羞愧。

丹麦小说家凯伦·布里克森[5]的作品《芭贝特之宴》（1958年）被导演加布里埃尔·阿克塞尔拍成了电影《芭贝特的盛宴》[6]。两部作品都探讨了这样一个尖锐的问题：味觉享乐在基督教中的地位。芭贝特身为一名法国人，更是一位手艺一流的厨师，她把天主教享受美食的餐饮文化介绍给信奉新教的宾客，却使他们不知所措。这似乎是因为自中世纪起，天主教关于珍馐美馔的教义就比较宽松，16世纪的新教徒也以此作为他们抨击罗马教廷堕落的主要论据。

中世纪教士的美味佳肴

韵文故事、小故事、传奇故事、叙事诗……很多中世纪的

[1] 阿芒提拉多酒（Amontillado）是一种深琥珀色雪莉酒，常被用作开胃酒。
[2] 凯歌香槟创立于1772年，总部设在法国兰斯，是全球最畅销的香槟之一。
[3] 海龟汤是19世纪欧洲高级宴会上最时髦的菜肴之一，由于原料太过罕见，后来流行用小牛肉汤作为替代。
[4] 鹌鹑石棺派是一种甜点，将鹌鹑放入烤脆的圆盒状千层面，再一起烘制而成。
[5] 凯伦·布里克森（Karen Blixen, 1885—1962），杰出的丹麦作家，多次被提名诺贝尔文学奖，代表作有《七篇哥特式的故事》《走出非洲》等。
[6] 该影片荣获1987年奥斯卡最佳外国影片，是首部获得该奖的丹麦电影。

文学作品都谈到教士的暴饮暴食，并总是将它和天主教的其他几宗罪（如懒惰、淫欲、嫉妒）联系在一起。这些罪行是被称为"goliarde"（12世纪）的讽刺诗的主题，由此而来的"goliard"一词就用来指称13世纪那些终日出入酒肆、沉迷女色、混迹赌场的放荡教士。关于"goliard"的词源众说纷纭，但这个词有可能就来自"gula"（贪食）。贪吃的教士成了西方文学中一种地地道道的刻板印象，经久不衰，"胖得像议事司铎一样"还成了一句家喻户晓的惯用语，即使是歌颂英雄的武功歌也未能免俗。著名的骑士奥兰治亲王纪尧姆过够了出生入死、南征北战的漂泊生活，决意归隐修道院。酒、面包、鱼、肉（猪肉、孔雀肉和天鹅肉）是修士们的大餐。《纪尧姆的隐修生活》提到，修道院的宴席不像是为修士们准备的，倒像是为领主准备的，因为席上还有孔雀肉和天鹅肉，甚至可以说是为王公贵族准备的。另外，书中还提到这些修士们贪吃、善妒且猜忌心重，他们抱怨纪尧姆胃口太大，害他们吃得少了。这也正应了那句谚语："先顾自己，后顾别人。"

在传奇故事《让·德·桑特雷》（1456年）中有一个情节，法国军队的传令官安托万·德·拉萨尔嘲讽天主教会的另一种放任自流的行为——美味斋菜，认为这只是从字面上恪守教会规定的饮食戒律，但实际上根本不把纪念耶稣受难的苦修和谦卑精神放在心上。爱献殷勤的唐普修道院院长还在封斋期间为"天仙姐姐"王妃准备了盛宴，有各式各样的鱼、糕点、布丁和水果。的确，宴席上没有大荤大肉，但端上来的菜肴花色多样、精致考究。鱼不

反映教宗利奥十世放荡生活的讽刺版画，16 世纪初

仅数量大而且品种多，在被炖煮、油炸、炙烤或做成鱼肉酱后，再佐以中世纪名流雅士酷爱的色泽浓郁的辛香酱汁。这对正在斋戒期苦修的宾客而言，是多么大的视觉和味觉的双重享受啊！辛香料让感官兴奋，这场为"天仙姐姐"王妃准备的盛宴，也预示着其他更活色生香的消遣，这个情节效仿了韵文故事《教士与贵妇》中贪婪、风流、喜吃胡椒的教士。在《论教会的衰败》（1401年）中，教宗本笃十三世的秘书尼古拉·德·克拉芒热谴责了"贪图逸乐的神父……贪杯、贪食、流连欢宴"。弗朗索瓦·维庸[1]在他的叙事诗《弗朗·贡蒂埃的辩驳》中是怎么写的呢？在诗中，透过"一个钥匙孔"，诗人看到一间舒适的卧房里，"一个大腹便便的议事司铎"和一位美丽的贵妇，喝着甜甜的、加了辛香料的希波克拉斯酒[2]（据说此酒有催情的效用），"嬉笑玩闹，打情骂俏，缠绵亲吻"。贪婪又好色的让·德·拉伯雷修士就出自中世纪文学作品，他正是这样一位典型人物。这绝不是一种幻想，上述图景显示出在西方基督教文化的饮食风物志中，教会阶层受到庇佑，令人歆羡不已。人们不仅为兴建宗教建筑捐地捐款，为了供养神职人员，还要交什一税（从收成中以实物的方式进行征收的一个税种）。另外不能否认的是，在中世纪的最后几百年里，修道院的戒律变得松弛涣散，这体现在：允许加餐和加量，还允许在旷日持久的封斋节前，

---

[1] 弗朗索瓦·维庸（François Villon，约1431—1463），法国文学家、诗人，其诗作贴近市民生活，集抒情、讽刺、哀伤为一体。
[2] 希波克拉斯酒（Hypocras）是一种欧洲中世纪的知名饮品，以葡萄酒为基底，添加糖浆、肉桂、肉豆蔻、黑椒等香料。

也就是胡吃海喝的"油腻日"期间，大大增加饮食和肉类支出的费用。至于敛财无数的罗马教廷，教士们的确过着富得流油的日子，意大利传奇故事中层出不穷的脑满肠肥的高级教士形象就是明证。传说古罗马有个客栈老板，他离开人世后，获准在天堂门口开了间旅馆。可惜他的生意一点也不好，因为教士们都不在那里！"加藏红花调味的浓汤煮好的阉鸡，还有配着各种甜葡萄酒和浓酒的肉馅圆饼"全都没了买主。不过这也不是什么解不了的难题，客栈老板搬到地狱，又找到了自己的老主顾，生意做得比以前红火多了！这个故事出自泰奥菲洛·福伦戈[1]的《巴尔杜斯》。除了这些，方济各会的米歇尔·梅诺修士被都兰地区终日大快朵颐的教士们激怒了，他在1508年封斋期时大声斥责他们："信徒们的供奉难道是让你们这样大吃大喝的吗？"

新教徒猛烈抨击教宗的饮食

中世纪温和的反教权主义塑造了游手好闲、大腹便便、饕口馋舌，甚至可能是淫荡好色的教士形象；而在宗教改革初期，新教徒的抨击文学对这个主题的刻画越发激烈。"肚子是他们的神，美食是他们的宗教"，约翰·加尔文在《基督教要义》一书中这样描写天主教教士。16世纪时，宗教改革家猛烈抨击天主教会的腐化

---

[1] 泰奥菲洛·福伦戈（Teofilo Folengo，1491—1544），意大利诗人，著有叙事诗《巴尔杜斯》。

堕落，通过表现教士对饮食的热衷，将他们描绘成淫荡、酗酒、好吃、贪婪，故而势必也是悭吝之人。新教的抨击小册子延续了中世纪用动物比喻人贪食的传统。狼常被人们用来形容天主教徒填不饱的肚皮，更何况狼捕食羊，这样的比喻不仅一反耶稣的好牧人形象[1]，塑造了教士鱼肉信徒的邪恶嘴脸，还让人想起了福音书作者马太的警告："你们要防备假先知，他们到你们这里来，外面披着羊皮，里面却是残暴的狼。"（《马太福音》7：15）宗教改革家也会使用狗、猴，尤其是猪等其他声名狼藉的动物形象。"公猪"这一骂人的词就常常用来形容贪吃好色的修士和神父，罗马基督教会的修道院和教堂也因此常被比喻成猪圈。

在腐化堕落的氛围中，罗马天主教会成了一间巨大的厨房，只会搜刮民脂民膏来养肥教士。在瑞士宗教改革家皮埃尔·维雷[2]的《教廷厨房里的放荡基督徒》（1560年）一书中，天主教教士的形象尽是些"舔油盆""动刀叉"的货色，他们有的"夹肉块""吸汤盆""吮羹碗"，还有的"啜酒杯"，"大胃王审判官"则负责监督这个"美好的"罗马天主教世界的正统。在德国人彼得·弗洛特纳[3]创作于1535年的一幅版画作品里，画家用烤家禽、香肠串和被教士庄严地拿在手里的羊皮酒袋代替了天主教宗教仪式中的圣物。

对厨房这一主题的着墨不仅揭示了教士们对美食的热衷，也影

---

[1] 耶稣称自己是好牧人，"我是好牧人，我认识我的羊，我的羊也认识我"（《约翰福音》10:14）。
[2] 皮埃尔·维雷（Pierre Viret, 1511—1571），瑞士神学家、改革家。
[3] 彼得·弗洛特纳（Peter Flötner, 1485—1546），德国雕塑家、版画家。

射出教廷的贪污腐化，例如非法买卖教会特权、圣物，甚至贩卖号称能够缩短炼狱时间的赎罪券。对厨房的描写也可能是对中世纪地狱景象的一个模糊再现，是先知以西结那句名言的又一生动写照："祸哉！这流人血的城，就是长锈的锅，其中的锈未曾除掉！"（《以西结书》24：6）如果这座城市是文艺复兴和好战教宗时期的罗马，那个翻倒在地、锈迹斑斑的锅则预示了罗马教宗头上的三重冕。

大腹神学家

1518年，"大腹神学家"（théologastre）一词诞生在马丁·路德的笔下，自此，这一词语便在基督教人文主义者和宗教改革先驱们的论著中广为流传。许多批评文章、版画在描绘这些贪食者的外形时都会在肚子上大做文章。对于约翰·加尔文来说，天主教教士是一群"游手好闲的肚囊"、"好吃懒做的肠胃"和"脑满肠肥无所事事的公牛"。法国新教胡格诺派在1555年创作的歌谣中，把"grands chartreux"（伟大修士）和"grands ventreux"（大腹馋鬼）押了韵，并且在1546年的作品中形容修道院院长"肥得像牛犊"，热衷美食的修士们则是"下流的肚子"和"超级恶魔肚"。

路德在《耶稣基督和教宗的事迹》中将基督和教宗的生活做了比较，还配上了卢卡斯·克拉纳赫的三十五幅木雕版画。在其中一幅版画上，右边是耶稣向虔诚的男人、女人和孩子们传达上帝的

卢卡斯·克拉纳赫,《耶稣基督
和教宗的事迹》插图,1539 年

话，他们专心致志地聆听，不难猜到，他们受到了感化。而左边，戴着三重冕的教宗与宾客们一起对着丰盛的食物大快朵颐。他品味着一大杯美酒，身旁有笙歌鼓乐和小丑表演助兴。一位侍者端着三个沉甸甸的盘子，可以猜到盘子里盛满了美馔珍馐。用贵金属铸成的三个盘子也让人不禁联想到教宗的三重冕。教宗和他的宾客们——一位主教、一位修士，还有两位八成是银行家的世俗人士，看上去都肥头大耳，脂肪堆在脸上，甚至长出了三个下巴。版画强调了罗马教廷的奢华排场，描绘了面孔丑如猢狲的人物正在高谈阔论，影射他们毫不克制地造下口业。第一幅版画名为《耶稣给他的羔羊牧草吃》，第二幅题为《教宗只有一群大腹便便的修士》，法语中押的尾韵加强了讽刺的意味。卢卡斯·克拉纳赫的版画的内涵非常鲜明：基督给信徒们的旨意被荒淫的教士扭曲了，他们只追求世俗享乐和物质财富。版画所表现的正是教廷过着巴比伦王宫一般酒池肉林的奢靡生活。德国宗教改革派菲利普·梅兰希通也在他的抨击文章《两个神奇的怪物——教宗驴子和修士牛犊》（1557年）配的版画中表达了同样的讽刺。版画把教宗驴子这头怪兽的肚子描绘成教宗和"所有教士……以及他身边满腹肥肠的老鸨和酒色之徒"的身躯。

不仅是新教徒喜欢在论战文章中引入肚子的主题，天主教徒在反对宗教改革派的宣传册中也常常提到肚子。当然，在他们那里，肚子表现的更多是淫乱而不是贪食。最初提倡宗教改革的那一批还俗的教士们不是很快就步入婚姻生活了吗？根据坚定的天主教徒博萨米的说法，路德和加尔文承认他们宁愿没有美食也不能没有女人。而且尽管如此，路德臃肿的体形和他的《桌边谈话录》将他对美酒佳肴的热爱表露无遗，天主教抨击文章的作者自然不会对此默不作声。一幅16世纪末德国的版画上刻画着这样的画面，路德把他圆滚滚的肚子放在一个独轮推车上，他的妻子则一身修女打扮跟在身后。通过描绘他肥胖的身躯，天主教大肆渲染当过修士的路德的行为放荡，抨击他嗜喝啤酒不知节制，还与原为修女的卡塔琳娜·冯·博拉结为夫妻。为了讽刺1617年的马丁·路德宗教改革百年纪念大会，即路德发布《九十五条论纲》一百周年，天主教徒在德语世界散布传单，把路德的宗教信仰简化成一杯啤酒。

美味斋菜，天主教徒虚伪的口福

在《回忆录》中，新教徒苏利公爵夸自己能抗拒"糖果、香料酱、糕点、果酱、肉制品、酒、甜食"的诱惑，"也不贪恋排场奢靡的筵席"。苏格拉底早就把烹饪艺术视作伪善的艺术。在这一经典言论的背后，更重要的是，我们能从中了解，在这位法国国王亨利四世的忠臣笔下，对瓦卢瓦王朝末年日益腐化的宫廷习俗的道德批判，以及对天主教徒虚伪假面的痛斥。"告诉我你吃什么，我就告诉你，你是个什么样的人"，布里亚-萨瓦兰这句家喻户晓的名言就是近代欧洲掀起的宗教冲突的最好写照。

在基督教人文主义者及宗教改革者的笔下，天主教徒在斋戒期间吃美味斋菜的行为充分体现了其信仰的肤浅和虚伪。在守斋日，天主教的精英们好不自在地享用着最新鲜细腻的鱼肉，并请人料理"上天赐予"的乌龟、河狸、海番鸭、黑雁、蜗牛、青蛙。斋戒期间的美味斋菜源于中世纪，风靡于16世纪和17世纪的意大利与法国。

从中世纪末期以来，烹饪书籍都会提供适宜斋戒期间享用的肉肴的做法。天主教的近现代食谱都遵循传统，为非四旬斋期、四旬斋期和耶稣受难日都制定了专门的食谱。翻开17世纪法国最著名的烹饪书《大厨弗朗索瓦》（1651年），可以看到小龙虾、牡蛎或芦笋汤，高汤氽烫的螯虾和龙虾，带少许肉豆蔻的烤牡蛎，配着洋葱、香菜、酸豆和面包屑一起煎炒炖煮的贝类海鲜锅，塞满酸模烘烤的鳎鱼……那么多特意为斋戒期准备的令人垂涎欲滴的菜谱！

> 为满足味蕾，鱼并不比最细腻的肉类逊色；事实上，鱼是大自然提供的最美味、最可口的食物，也是水能给予我们的最佳食材，满足我们喜欢丰富多样、贪恋美食的胃口。

在安东尼奥·拉蒂尼[1]所著的《现代管家》（17世纪末）一书中，经过一番对鱼肉之美味的赞颂后，作者才提到四旬斋与吃鱼相关的宗教戒律。在天主教精英的菜单上，尊重守斋的习俗和享受用

---

[1] 安东尼奥·拉蒂尼（Antonio Latini，1642—1692）是红衣主教安东尼奥·巴尔贝里尼的管家，精于烹饪，著有食谱。

餐的愉悦毫不冲突。在波旁王朝复辟期间，美食家布里亚-萨瓦兰饶有趣味地写道："斋戒的小吃点心才是那段时期（法国大革命前）产生的真正杰作，它既符合教廷严格的规定，看起来又不啻为一顿美味的晚餐。"

伊拉斯谟强烈谴责天主教"上帝与口腹之享兼得"的美味斋菜（《论食鱼》，1518年）。在他看来，斋戒弊大于利，甚至应该取消："对富人来说，改变饮食不仅可以带来新的乐趣，还是一剂解决食欲不振的良方：在吃肉的时候他们体会不到这种快乐。"（《论禁食肉》）路德在《桌边谈话录》中提到一个在意大利旅行的外国人的故事。一次他夜宿旅店时恰逢斋戒，旅店老板问他想要吃晚餐还是斋戒小餐点。这位旅客选择了半焦的烤鲱鱼晚餐：

> 而在斋戒小餐点的餐桌上，人们可以吃到各种各样美味的鱼类、葡萄干、无花果、果酱和蜜饯，配上优质红酒，这些都是为斋戒的人准备的。所有这些不过是彻头彻尾的虚伪，是让魔鬼笑话世人的把戏。

加尔文也对天主教假模假式的四旬斋进行了强烈抨击：在斋戒时"除了不能吃肉，完全不耽误其他大量美味带来的享受"（《基督教要义》，1536年）。一个世纪之后，胡格诺派教徒塔勒芒·德·雷奥语带嘲讽地写了下面这则逸事：一位教士要让一位已婚且做了父亲的马车夫行八天的斋戒。马车夫强烈抗议，说不想因为斋戒而倾家荡产，因为他亲眼见到"老爷和夫人在斋戒期间要吃榅桲酱、上等的梨、米饭、菠菜、葡萄、无花果等各种美食"！新教徒不完全排斥斋戒，而是认为斋戒要打从心底身体力行。新教的斋戒推崇简单、有节制的饮食，它是适度和节欲的代名词。对新教徒来说，斋戒的真正内涵是长期坚持适度饮食，不是完全放弃吃肉，而是要摈弃暴食、贪婪和肉欲。

新教徒拒绝享受美食之乐？

和同时期欧洲大陆的烹饪书籍相比，17、18世纪英国的烹饪书因其推崇朴素节俭而显得与众不同。

> 食物应该用来满足天性需求而不是一时之欲，应该用于缓解饥饿而不是再次勾起人的胃口；食材最好是自家花园里种出来的作物而不是市集上买来的；但愿人们珍视一样食物，是由于它为人所熟知，而不是因为它是别国才有的稀罕食物。

这是杰维斯·马卡姆[1]在他的《英国家庭主妇》（1615年）一书中给贤妻良母提出的忠告。这样一种抵制浪费、追求节俭的主张甚至在罕见的英国王室烹饪书籍中也有所体现，是对法国从17世纪

---

[1] 杰维斯·马卡姆（Gervase Markham，约1568—1637），英国诗人、作家。

赦免信上坐着一个魔鬼,修士修女们在它的嘴巴里围坐着大吃大喝。版画,疑为马蒂亚斯·格隆所作,16 世纪初

以来就逐渐在欧洲称霸的料理方式的有力反击。抨击穷奢极侈、贵得离谱的法式料理正是英国烹饪书籍的初衷。这种抵制把教宗主义、专制主义和法式料理看成"三位一体"，似乎这三者都是虚假的艺术、天性的堕落，是我们应当小心提防的同一个毒药的三种形态。正如"约翰牛"爱吃大块的带血牛肉一样——"约翰牛"是18世纪英国讽刺漫画家给英国人起的别称——英国料理的典型特征就是在保持朴素的同时确保健康。相反，这些讽刺漫画家笔下的法国人形象却是个瘦小的主子，孱弱多病，与法国人爱吃的蜗牛和蔬菜相仿。这也证明了他们认为法国人的天主教式饮食缺乏营养，因而不健康。

尽管斯图亚特王朝末期的几位君主企图确立专制统治，但英国并未创造出真正的王室料理，贵族和富农们的饮食反倒因此声名远播。由此，相较于法国，英国社会的等级观念在饮食方面体现得并不明显。在詹姆斯二世下台（1688年）二十年后，王室料理仍处于岌岌可危的地步。在为自己的《皇家烹饪》（1710年）一书作序时，御厨帕特里克·兰姆就已预感到难免会受到攻击：

> 对那些生活简朴、圣诞节都要斋戒、食物分量都要用德拉克马和微量[1]去计算的苦修之人，我们压根不指望他们会买这本标题一看就很堕落的书。或许他们以为，分量多就是奢华，

---

[1] 德拉克马为古希腊重量单位，合3.24克。微量为古时重量单位，相当于1/24盎司。

根本用不着菜谱来教他们调味和推荐菜肴的做法。不过，习钻邪恶的味蕾不能很好地评判真滋味。要是让两三个愤世嫉俗、玩世不恭的家伙把"吃得好"的传统引入歧途，那就太可惜了。更何况作者在此既无心炮制贪食的艺术，也不打算教那些富人和懒汉增肥的诀窍……

此处"生活简朴的苦修之人"是否指清教徒？英国清教主义对此产生了多大的影响？相关论战此起彼伏，在英法两国之间一直争议不断。不过，17世纪50年代，奥利弗·克伦威尔执政期间的英国确实表现出全面压抑世俗乐趣的特点，但是塞缪尔·佩皮斯[1]，一个地道的伦敦享乐主义者，在他的《日记》（1660—1669年）中写道，王政复辟后的头十年，口腹之享再度受到推崇。社会学家斯蒂芬·门内尔[2]对比英法两国的饮食，认为"19世纪的英国，家常食谱中的菜品十分单调，尤其缺乏饮食之乐的概念，此言不假"。英国的文化模式以去天主教、反君主专制及其宫廷文化为特征，所以在近代自然会排斥法国和意大利的美食艺术。法意两国的美食艺术使饮食不仅成为一门生活的艺术和聊天的话题，而且还在美术上独树一帜。法国的资产阶级效仿的是宫廷中的贵族阶级，与之截然相反的是，英国人却没有这种让美食之道推而广之的社会共识。但

---

[1] 塞缪尔·佩皮斯（Samuel Pepys, 1633—1703），17世纪的英国作家和政治家，著名的《佩皮斯日记》的作者，其日记包括对伦敦大火和大瘟疫等的详细描述，成为17世纪最丰富的生活文献。
[2] 斯蒂芬·门内尔（Stephen Mennell, 1944—　），英国社会学家，都柏林大学社会学荣誉教授，著有《美食礼仪：从中世纪到当代的英法美食与品位》。

这并不意味着口腹之乐在英国就完全不存在了。欧洲最嗜甜的不就是英国人吗？早在中世纪末，英国人就已经有爱吃甜食的习性。直到近代，英国的宗教虽几经变更，但嗜甜的习性仍未改变，至今依然如此。

时至今日，在新教文化熏陶下的北欧和有着天主教文化传统的南欧，人们与饮食和口腹之乐间的关系仍不尽相同。可以说猪肉之所以在丹麦很受欢迎并非在于其味道，而是因为其质地的可塑性：能被切成肉丁、肉丝，或者做成红肠、肉丸等。在北欧，猪肉的质地如何并不重要，人们更看重的是它的营养成分和蛋白质含量。社

新教徒朴素简单的餐食。亚伯拉罕·博斯，版画，约 1635 年，法国国家图书馆

会学家克洛德·菲施勒[1]的最新调查（2008年）表明，意大利人和法国人将感官愉悦、宴饮交际、注重当地特色的概念和"吃得好"联系在一起；而英国人则认为"吃得好"就在于食物本身的营养成分、维生素和保健功能。调查还显示，对于饮食这一概念，法国人会从烹调的角度看待，而英国人则将之视为食物或食材。如果说在这一差异中，地理位置是不能忽视的因素——欧洲北部固然不具备法国或意大利土产的丰富性和多样性，那么宗教因素带来的影响似乎也不容小觑。

　　法国悖论[2]和地中海式饮食法所蕴含的道德与宗教价值标准判断便能体现这一点。这两个概念是英国研究者在20世纪末提出的，指的是两种能够有效降低心血管疾病风险的饮食模式。前者形成于法国西南部，以葡萄酒、油浸糖渍类菜品、鹅油和用餐时间长等为特点；后者则产生于克里特岛，饮食结构由水果、蔬菜、橄榄油和鱼为主。地中海式饮食法推崇简餐和蔬菜，而法国悖论虽然引发了人们对大啖美食的道德谴责，但让人大跌眼镜的是，这种吃法竟然能让人拥有更健康的体魄！

　　信仰新教的北欧往往从保健、营养和个体的角度看待饮食，信仰天主教的南欧则天生热衷于餐桌交际和口腹之享，二者的反差似

---

[1] 克洛德·菲施勒（Claude Fischler，1947— ），法国社会学家、人类学家，法国国家科学研究中心主任。
[2] 法国悖论（French paradox）描述了一种看似矛盾的流行病学观察：法式餐饮中含有较高脂肪，但法国人的冠状动脉心脏病的发病率却总体相对偏低，这和人们普遍认知的饱和脂肪是冠状动脉心脏病的主要诱因的论点相矛盾。

乎很大。但抛开对一方或对另一方饮食的刻板成见和价值评判，值得我们重视的是：即使饮食模式各异，两者都代表了在宗教改革的冲击下各自形成的宗教版图。这一结论引导我们进一步探讨天主教伦理和口腹之享间可能存在的联系。

一个纵享感官之乐的天主教世界？

美食的声望继续与近代（16世纪至18世纪）天主教教士联系在一起，这绝非毫无缘由。不仅如此，宗教团体还参与了优质食品和其他特色美食的制造。的确，特利腾大公会议[1]后颁布的教士礼仪规范承认，从事花草蒸馏以及制作果酱、蜜饯等手艺活儿与神职人员的身份并不冲突，更何况，擅长园艺是好教士的标准之一。至于修道院，它们有自己的花园和农田。教规不仅允许神职人员做手艺活儿，而且允许使用糖、鸡蛋、面粉等，因此，宗教团体在生产果蔬、咸口或甜口小食、奶酪、啤酒、红酒、利口酒方面享有盛誉。格里莫·德·拉雷尼埃尔在《饕客年鉴》的很多卷章里都颇为怀旧地提到普瓦西的甜麻花、莫雷的麦芽糖、里昂的橙花果酱、艾克斯—普罗旺斯的填馅橄榄、巴黎的杏仁蛋糕和白甘草露千层酥，这么多美味可口的点心都是在法国大革命爆发之前由反宗教改革的天

---

[1] 即天主教会第十九届大公会议，从 1545 年 12 月 13 日开始至 1563 年 12 月 4 日为止，含四阶段共二十五场会议，中间经历过三位教宗。特利腾是一座小城，位于意大利北部。这场大公会议召开的目的，除了规定并澄清罗马公教的教义之外，更主要的是进行教会内部的全盘改革。

主教修女制作出来的。

我们也要强调天主教会在"发明"巧克力并让它在欧洲传播的过程中扮演了至关重要的角色。一般认为是墨西哥瓦哈卡的一个加尔莫罗会[1]的修女们想出了这个主意：在苦涩的阿兹特克可可中加入蔗糖，正是这个主意确保它日后征服了西方人的味蕾。因此，巧克力有一段时间被称为"瓦哈卡的美味"。据说，第一批可可豆是由一位名叫奥尔梅多的仁慈圣母会传教士于1528年传入西班牙的，可可得以在黄金时代的西班牙传播也离不开宗教团体的网络。翁布里亚、托斯卡纳以及威尼斯方济各会同伊比利亚半岛宗教团体间的友好关系，也为巧克力在意大利的盛行提供了很大便利。早在1624年，德国神学家琼·弗朗茨·劳施就抱怨，自从引进这种令人兴奋的热饮，修道院就开始不安分了……

与淫欲特别是贪婪不同，贪食之罪是近代天主教传教士摆在次要地位抵制的对象。但尽管如此，拒绝美食带来的乐趣在天主教世界并不陌生。从文艺复兴至19世纪初，敌视美食、恪守天主教戒规的趋势一直存在。在美食家路易十五享用精致晚膳的年代，洛朗-约瑟夫·科萨尔神父就怒斥贪食："这种对美食的热爱……因为沉迷感官之乐，而贪图所有能取悦味觉的享受。简言之，就是这种风雅的贪食之罪，人们对此毫不羞愧，因为它专属于有一定身份地位的人……难道人生来就是为了享受感官之乐？"在法国出现新

[1] 加尔莫罗会，一称圣衣会、迦密会，它是天主教托钵修会之一。

天主教精英阶层筵宴的感官之享。让－弗朗索瓦·德·特洛瓦,《牡蛎午宴》,1735 年,孔代美术馆

式料理的同时，皇港修道院[1]则成为另一种饮食的典范。修女们长期斋戒，严禁食肉。她们只吃蔬菜（尤其是以清汤或沙拉形式）、水果、鸡蛋以及少量鱼肉。四旬斋期间，下午六点前禁止吃喝，唯一的一餐只有清汤、西方人能想象到的最为粗鄙的蔬菜的"根茎"和水。到了冬天，食堂并不供暖。就餐时不得发出声响，以便全身心地沉浸在被高声诵读的《新约》中。同样，经朗塞神父从严整改后，苦修会士所遵循的饮食制度尤为苛刻，肉、鱼、蛋、白面包和葡萄酒都严禁食用。高迪奥神父的那不勒斯条约——《精神指导》（1644年）中规定拒绝一切美味佳肴以达到无食欲的境界，从而迎合基督教斋戒与禁食的理念。

"有什么比受口腹之欲左右更令人惭愧的呢？"生活朴素的安特卫普耶稣会会士莱修斯自省道。要想抵制美食的诱惑，就得耍点小聪明，玩点小花样，比如避免去看或是去闻那令人垂涎的肉菜，最好是学会想象所有美味佳肴不久后都会散发出恶臭，令人作呕，从而转头离去。这就是莱修斯专门给教士和世俗精英的训示，用拉丁文写成，于1617年在安特卫普首次出版，之后被译为法文，并经常与另一部作品相提并论，那就是同样以推崇简朴生活闻名的威尼斯人科纳罗创作的《论简朴生活》（1558年）。

天主教教化人心的文学作品继续凸显圣徒和真福者在饮食上的禁欲苦修。他们皈依的过程中常常穿插着斋戒禁欲的故事，比

---

[1] 位于巴黎西南部，如今已是一片废墟。它于1204年由一群熙笃会修女创办，最初是一座女修道院。

如凯撒·德·布斯（1544—1607），他在十四岁时听到了上帝的召唤，从此决心在四旬斋期间全程守斋；又比如让娜-弗朗索瓦兹·德·尚塔尔，在丈夫于1601年意外去世后，她便开始在每周五和周六进行斋戒。人们选择自己讨厌的食物（如让娜-弗朗索瓦兹·德·尚塔尔）和在食物中加入苦味佐料（如文森·德·保罗）乃至令人恶心的配料（如阿涅斯·德·耶稣），这些都为以禁食苦修成为圣人提供了各种可能的途径。拒绝能强身健体的菜肴（肉、精致酱汁）转而追求穷人的食物（黑面包、粥、萝卜）也是皈依的一种标志，耶稣会会士安托万·博歇指出，布列塔尼传教士、真福者于连·莫诺瓦认为"比起身不由己地享用盛宴上的美味佳肴，在农人家中吃一块黑麦饼更令人心满意足"（《完美的传教士或于连·莫诺瓦的一生》，1697年）。追求生活简朴和拒绝精致菜肴使人们能够在寻常食物里找到"本该在其中找到的真滋味和真乐趣"（莱修斯，1617年），即得到创世真谛的乐趣。从旧体制时期[1]有教化作用的饮食故事到中世纪的圣徒传记，饮食行为确实存在着一种延续性。不过，17世纪和18世纪的生活方式更注重社会实用性或追求公共利益。厌食不再被视作圣洁的标志，而是越来越多地被视作一种疾病。

---

[1] 指 16 世纪晚期至 1789 年法国大革命的这段时期。

斋戒规定渐渐放宽

天主教界也意识到，人文主义者和新教徒对美食斋戒的批评确有依据，例如里昂传教士让·本尼迪克蒂在他的《罪孽及其疗法概论》（1600年）一书中承认："一些天主教徒的斋戒也不过是享乐主义者的斋戒罢了。"从理论上讲，斋戒日规定每人每天只能进餐一次，但实际上，必不可少的零食无疑已经扮演了第二顿餐食的角色。按理说斋戒餐饮应该清淡，比如以面包、水、酒和水果为主，现实中却常常给人们创造了享用甜点的大好时机。因此，在1725年圣诞节前夕，住在托农的圣母往见会修女如往常一般恪守斋戒规定，只吃刺菜蓟、土豆和豌豆汤。然而到了晚上，她们又开始大饱口福，尽情享用华夫饼和果酱。尽管糖与医学的联系不断淡化，且与风雅世界的融合日益加深，但由于中世纪对吃糖还是比较宽容的，斋戒期间也允许吃。比如罗马医生保罗·扎齐亚在他的《四旬节的餐饮》（1636年）一书中就曾写道："在斋戒期间，人们习惯在饭前吃一些用蜂蜜甚至糖来调味的食物。"医学教授尼古拉·安德利也在其《四旬节的饮食约法》（1713年）一书中记录道："人们不仅在用餐时吃糖，还随身携带各种糖果以便随时享用。"

天主教的斋戒也往往因人或因团体而异做一些灵活的变通：儿童和不满二十一岁的青少年、孕妇、哺乳期的妇女、老人，还有病人——不太好界定又容易饮食无度的一类人，"有人因为生病所以不能斋戒，有人因为生过病仍很虚弱所以不能斋戒，还有人因为害怕生病所以也不能斋戒"（布里亚-萨瓦兰，1826年）。为了抨击耶稣会会士道德沦丧，布莱兹·帕斯卡在《致外省人信札》的第五封信（1656年的四旬斋）中特意举了"好神父们"为了迎合信众把斋戒规定放宽的例子。为此，他还援引耶稣会会士安东尼奥·德·埃斯科瓦尔·门多萨辑录的一系列解决道德困境的案例（决疑论）作为依据：

> "斋戒时，想喝酒的时候是不是可以喝酒，甚至痛饮一场？""可以，甚至喝肉桂酒也可以。""我不记得可以喝肉桂酒，"他说，"我应该把它记录在集子里。""埃斯科瓦尔真是个实诚人啊！"我对他说。"所有人都喜欢他，"神父回答，"他的问题问得多好啊！"

另一个宽容放纵的例子来自法国教士贝尔托·贝尔坦，他不赞成教会圣师们的观点，认为把追求口腹之欲当成人生唯一目标并非罪过（《听告解神父的教理书》，1634年）。

斋戒与巧克力

在斋戒期间食用巧克力是否算破戒行为？这个问题成了17世纪一场激烈的宗教争论的起因，该争论旨在决定是将巧克力热饮定义为一种可以在斋戒期间解渴喝的普通饮料，就像水、啤酒和葡萄酒

让-艾蒂安·列奥塔,《卖巧克力的女孩》,德累斯顿美术馆

一样，还是因其高营养尤其是发热性而被禁止饮用？医学界和天主教会在给巧克力定性的问题上各执一词。更何况，西方对这种新世界的饮料产生了很多遐想，把它和性感、奢华、欲望联系在一起。此外，西班牙人的做法是将可可粉倒入水或牛奶中，加入糖、榛子、杏仁粉、香草、肉桂甚至鸡蛋，充分调和，使巧克力变得醇香浓郁。这场争议证明了巧克力热饮在大西洋两岸的西班牙语地区越来越流行，尤其受神职人员的青睐，不管他是在修道院清修还是在俗世布道。这个天主教的棘手问题被再次提出：在斋戒苦修的日子里，人们能否品味令人愉悦的美食？

13世纪时，神学家托马斯·阿奎那宣布在斋戒期喝饮料不算破戒。于是，专门研究决疑问题的教士，如西班牙托莱多的神学家托玛·胡塔多和耶稣会会士安东尼奥·德·埃斯科瓦尔·门多萨以此为依据，认为可以在斋戒期间喝巧克力热饮，只要饮用者不是为了维持体力或违反教规就行——意图是判断罪孽轻重程度的关键——并且饮用适量，饮料是用水而不是牛奶调制，也不加辛香料或鸡蛋。他们还认为，出于医疗目的，信徒可以饮用巧克力而不必觉得自己触犯了教规。多明我会传教士托马·加吉在《西印度群岛的新关系》中写道，在新西班牙（今墨西哥）的恰帕斯州的克里奥尔，上流社会的妇女在斋戒期间会以胃虚为由，让人给自己上一杯巧克力热饮。同样在欧洲，公众为了养胃而喝巧克力……或者打着治疗的幌子来满足自己的口腹之欲。

因此，就像那不勒斯主教弗朗西斯科·玛利亚·布兰卡丘在他的作品《抨击巧克力饮品》（1664年）中记载的那样，教会认为巧克力是一种饮料，但是对西方医学来说，巧克力是一种营养非常丰富的异国饮料。在关于巧克力的医疗效果尤其是它的营养价值的辩论中，医学界表明了立场。从16世纪末起，西班牙医生胡安·德·加德纳斯"根据正确的神学和医学标准"，认定在斋戒期间饮用巧克力是破戒行为。四十年后，塞维利亚医生加斯帕·卡尔德拉·德·海勒迪亚也得出类似的结论：在和神进行交流前是绝对不能喝巧克力饮品的。

酗酒，真正的贪食罪

宽容还是严苛？天主教对饮食之乐的态度似乎很不明朗。这一态度取决于"gourmandise"（贪食）一词的内涵。天主教的反改革势力主要反对包含酗酒、贪婪和举止不当在内的暴饮暴食。芒让修道院院长的《听告解之法》（1757年）的第四讲开篇就给这一罪孽下了定义，并解释说它是大罪，因为"通常会导致五种不良后果"，然后痛斥这些不良后果都有着同样的根源：酗酒。对于天主教会的道德机构而言，贪食的行为首先为谴责酗酒提供了契机，而酗酒在旧制度的最后两个世纪成为愈演愈烈的社会问题。法国作家卡特琳娜·维利耶·德·比利在帮助"乡野粗人"顺利参加圣礼而作的指示中完美地概括了天主教会的立场，她强调"最危险、最可耻的贪食行为是酗酒，无节制地饮酒，甚至喝到失去理智"。

"我为大家而喝。"法国反天主教漫画, 19 世纪初

她首先定义了贪食罪，然后列举了具体的例子。这些例子仅涉及酗酒，因为"这是乡野最常见的恶习，而且人们见怪不怪。我想说的是贪食会导致酗酒"。

教会强烈谴责会导致胡言乱语（劝酒歌、淫词浪语）和行为放荡（举止轻浮、婚外性行为）的过度纵酒。因此，作为一种大罪，贪食虽然没有被列入十诫，但它可能会引诱人们违背十诫中的三诫：第三诫（守安息日），我们由此可以看出教会为何反对在周日去小酒馆；第六诫（不可奸淫）和第九诫（肉体之欢仅限婚内）。

天主教为饮食享乐摘掉罪名

天主教会对酗酒行为严加谴责，却对现如今所指的贪食行为颇为宽容。的确，天主教内部大力整顿神父和修士酗酒的恶习，但并不反对人们对美味佳肴的热衷。若是享受饮食乐趣并未引起荒唐的丑闻，也并未导致行为放荡、纵欲过度，在天主教会看来"爱好美食"就无伤大雅。1706年，由蒙彼利埃主教夏尔-若阿尚·科尔贝主持编撰的教理课本告诉信众，贪食指的是一种对饮食无节制的喜爱。问："为何您认为是'无节制的喜爱'？"答："这是为了让信众明白，对于饮食的喜爱也可以是适度而有所节制的。"

神本来就予以人口腹之乐，这一点使人们对美食的喜爱显得更加合情合理。基督教的教义大大淡化了贪食的罪过，神学家让·蓬塔斯在其于18世纪不断再版的重要参考书《决疑论辞典》（1715

年）中，举了一个已获解决的案例，充分表明了教会这一宽容的立场："西多尼厄斯（一个虚构人物）用餐时习惯吃到心满意足，细细品味美酒佳肴带来的愉悦。但如果他并未因贪恋美食而引起身体不适，那他是否算犯了罪？"神的旨意以及基督教规中并无绝对的禁食令，这两点的确对西多尼厄斯有利：

> 因为，如果饮食不以享乐为目的，又或是饮食只是为了恢复体力、保持健康，那么人们的确可以毫无罪恶感，甚至满心期盼地去感受上帝赋予饮食这一行为的愉悦。

毋庸置疑，人们通过饮食感到愉悦是神的旨意，上帝以此来引导人们进食，恢复体力，从而维持生命。上帝赋予食物美味以及味觉享受，这符合生理上的需要，也遵循了"繁殖增多"的神圣命令，就像作家贝尔纳丹·德·圣皮埃尔[1]在1784年出版的《研究自然》中写道，甜瓜清晰可见的纹路是为了邀全家一起享用。正如耶稣会神父文森·乌德里所写的那样：

> 大自然迫使我们必须通过饮食来维持生命，毋庸置疑，我们不得不屈从于这一事实；除此之外，大自然还赋予食物一种味觉享受，如果无法获得这种味觉享受，我们可能会对食物产

---

[1] 贝尔纳丹·德·圣皮埃尔（Bernardin de Saint-Pierre，1737—1814），法国作家、植物学家,1795年被选为法兰西院士。

生像对药物一样的厌恶感。

中世纪神学家托马斯·阿奎那在他的著作中已经提过这一观点，帮助人们消除了对贪食之乐的罪恶感。"我们已从慷慨大方的上帝手中得到了那么多好处，那么，用最完美的方式物尽其用不正是向祂致敬吗？"《烹饪：宫廷菜和家常菜》（1691年）一书的序言作者说得没错，他运用天意神启论和基督教礼仪来为法国精英阶层对佳肴美食的热爱做辩护。天主教消除饮食之乐的负罪感是基于贪食概念的模糊性。因为只选择了贪食的其中一种含义，所以忏悔手册中只谴责了暴食和酗酒，却没有对讲究美食加以指摘。决疑导师们承认，人们确确实实可以在吃喝时感到愉悦，因此避而不谈美味斋戒，也不去追究斋戒期间的小食点心演变为第二餐的普遍现象。然而，如果追求美味珍馐成了用餐的唯一目的，并且超过了适量和必要的限度，那么讲究饮食之人就可能犯下贪食罪。由于"必要性"这一概念极其模糊，所以许多教士也能够对美味珍馐采取宽容的态度。其实，天主教会认可菜肴和饮品的质量与数量应该反映出宾客的出身、地位和社会阶层。既然在教士的餐桌上不应该有"太多餐点"，如果在吃喝的时候"太过奢华、精美……或者愉悦"会犯下贪食罪的话，那么听告解的神父就可以灵活地根据忏悔者的年龄、性别和社会阶层来对"太过"这个副词加以解读，这一切就成了决疑论的修辞之妙了。

天主教会通过各种教规和禁令，把饮食规范灌输给一代又一代信众。教会不可或缺的教化力量和道德权威对当代很多礼仪规约产生了深刻影响。不过，从耶稣用餐的场景到宗教人士共享美食，教会使餐饮成为人际交往的重要时刻。尽管正餐之外的吃零食、偷吃和贪食行为依然会遭到谴责，但同时分享、和睦和礼仪也都受到了颂扬。换言之，只要餐饮定时定量，享受美食之乐便合情合理。从狭义上来说，教会的教化促成了贪馋美食学的诞生：只要遵循一定的规范就能享受美食之乐，所有规范中最重要的就是餐桌礼仪和分享之乐。教会宣扬在餐桌上保持适度和端庄仪态，不反对享用美食和美酒之乐，陪伴西方上流社会的精英们经历了"食欲文明化的过程"，反对贪食者但推崇美食家。不论在意大利还是在法国，态度严厉、立场坚定的反宗教改革的天主教会远没有打压美食享乐主义的发展，反而成了这一转变的推手。

第四章

饕客和美食家当道的时代

我要知道，各位先生／看着你们的孩子／一字排开坐在大餐桌前／一群毛孩子，下巴油光光／手指往所有的盘子里伸去／再没有什么事比这更让人难以忍受。

——库朗日，《歌选》，"致一家之主"，1694 年

路易丝·莫永，《卖果蔬的女人》，1630 年，巴黎卢浮宫

　　在路易丝·莫永于1630年绘制的画作《卖果蔬的女人》里，店铺的后面，有一只猫趴在一个装着残羹冷炙的盆子旁打瞌睡，对女果蔬贩和那位巴黎上流社会的贵妇人正在进行的买卖漠不关心。这只吃饱喝足的动物和它给自己挑选的睡床，似乎正好影射了贪食罪。在此处，这个罪孽正处于休眠状态，隐藏在黑暗中，就像是为了表明这位站在亮处的女顾客的态度是另一种意义上的贪食，无伤大雅的那种。然而，在这一风俗画的场景中，有许多危险正对这个受自己口腹之欲左右的女顾客虎视眈眈：女商贩那闪躲的眼神，暴露了自己在做生意时的不诚信；被虫蛀过的那一个苹果被安排在作品构图的正中间；还有那昏昏欲睡的贪食的猫咪，以及猫咪旁边像南瓜又像甜瓜的模糊形状。但是这位女顾客严谨的装束、平静的面容、熟练的手势和她已经拣选出的各色水果已经表明，她会成功地避开这些陷阱。她有好的品位，知道该如何挑选水果，她属于美食家和饕客这一高雅阶层。她已经学会了辨认时兴的水果，会通过水分和成熟度来欣赏它们的细腻和香味。由于16世纪至17世纪的西方画作常常用水果来象征品位，所以这个信息就更加明确了。这位女顾客出身名门，不会被一个不诚实的水果贩子或不知节制的胃口所蒙骗。凭借良好的教养，她举手投足仪态从容，懂得如何表现得有礼有节，克制内心的冲动。讲究美食已经成了一种品质，一种精英阶层优越感的体现，可以被纳入路易十三统治时期开始形成的法国文化模式之中。

从意大利到法国，得体的贪馋文化出现

尽管得体的贪馋文化自17世纪开始成为典型法式文化的重要组成部分，但它并非诞生于法国，而极有可能起源于意大利。15世纪至16世纪，在意大利半岛的北部与中部的城市已形成了一些推崇美食的饕客团体，其中就有位于佛罗伦萨的"大锅会"（Compagnia del Paiulo），那里汇聚了一众艺术家，画家安德烈·德尔·萨尔托[1]也在其中，每位赴美食盛宴的宾客都要自带一道"以奇思妙想制作的"菜肴。蒙田在《随笔集》中，直白地以"论说话之浮夸"为题，讲述了自己与红衣主教卡拉法的意大利厨师的相遇，并嘲讽后者高谈阔论美食时那种意大利人特有的腔调。

> 我让他讲讲他的差事，他把他那糊弄嘴巴的学问向我演讲了一大通，一本正经、神气活现的样子简直好像在向我宣讲某

---

[1] 安德烈·德尔·萨尔托（Andrea del Sarto，1486—1530），意大利画家，在佛罗伦萨创作了众多杰出的壁画、祭坛画和肖像画。

个重大的神学问题。他向我揭示了人的食欲的变化：饥饿的时候、吃过第二顿或第三顿饭之后，用什么办法满足它，又有什么办法引发并刺激它；讲了调味汁如何配制，先讲一般的，再细细说明各种调料的性质和作用；讲不同的季节做什么不同的沙拉，什么沙拉要加热，哪种沙拉要冷吃，还有如何装点美化使之赏心悦目……这一切还都加上了丰富华丽的辞藻，甚至用上了谈论帝国治理的字眼。[1]

蒙田对这位厨师之博学的惊讶，也恰恰体现了意大利和法国精英阶层对餐桌美食之乐理解上的文化差异。意大利人将美味佳肴看作一种融合了烹饪理论、厨师技艺及精准语言的自由艺术。这位意大利厨师和意大利诗人泰奥菲洛·福伦戈在长诗《巴尔杜斯》中描写的一位主厨不乏相似之处：这位主厨为骑士比武大赛的闭幕准备盛宴，如同一位精研美食、通晓"味蕾圣经"的博士一般。蒙田分享的逸事恰恰反映了近现代初期，法国和意大利对美食感受度的不同，而这种不同也可在对福伦戈和拉伯雷作品的比较中发现端倪。拉伯雷乐于罗列山珍海味，直至引起读者不适。福伦戈则偏爱详述烹饪流程。拉伯雷也曾拜读过福伦戈的作品，因此这两部作品之间的差异就更耐人寻味了。

然而，从1505年开始，法国圣莫里斯的修道院院长迪迪埃·克

<hr>

[1] 此段译文引自《蒙田随笔全集·上卷》第五十一章《论说话之浮夸》，潘丽珍译，译林出版社1996年12月第1版。

里斯托尔就已经把意大利人文学者巴尔托洛梅奥·萨基的营养学与烹饪名作《论得体的享乐》（1473—1475年）译成法语并改写成《法文版帕拉丁》[1]。直到1586年，《法文版帕拉丁》一直不断再版，它把意大利美食话语的特点引入法式烹饪文献，如美食论题的社会认同、对品尝佳肴乐趣的认可等。但是，直到一个世纪之后，饕客的正面形象——美酒佳肴的爱好者才逐渐形成。贪食形象这一新的演变在法国比较迟才出现，也许与宗教战争有关。

有教养又考究的美食家诞生

对于法国文学家、词汇学家安托万·菲勒蒂埃[2]而言，"讲究吃（friand）"是褒义词，用以形容一个人"喜爱精致美味的佳肴"。有两个例子可以佐证他给出的定义："一是friand追求各种美味珍馐，二是一个好的gourmet（美食家）需具备friand的品位。"（《通用词典》，1690年）可见菲勒蒂埃认可"friand"和"gourmet"两个词的词义相近。而"gourmet"一词实际上主要用在葡萄酒领域；作为葡萄酒工艺学家[3]的前身，自中世纪以来，"gourmet"专指品鉴葡萄酒质量的专家。而"friand"也可形容饭食精致可口。至于"friandise"一词，指的是仅出于快感而非

---

[1] 巴尔托洛梅奥·萨基出生于帕拉丁，因此也被人以其出生地地名相称。

[2] 安托万·菲勒蒂埃（Antoine Furetière，1619—1688），法国学者、文学家、词汇学家，曾因试图出版自己的法语词典而被法兰西学院开除。

[3] 指研究葡萄酒酿造、储藏以及利用化学方法或规律研究葡萄酒成分的专业人士。

果腹之需、在正餐外吃的一种或咸或甜的点心，17世纪同样也用"coteau"[1]一词来形容。

1655年，维利耶庄园主克洛德·德尚撰写了一部美食家题材的独幕喜剧《饕客或好吃的侯爵》。作者借其中一位好吃贪馋的侯爵瓦莱尔的大段台词，点明了"饕客"（costeau）一词的含义：

> 他们是热爱美味珍馐的风流雅士，
>
> 他们经验丰富，
>
> 深谙法国最靠谱、最美妙的口味。
>
> 作为今天的美食家，他们是精英，是人才。
>
> 他们瞥见野味，鼻子一嗅，
>
> 便知来自何方，令人啧啧称奇。
>
> 他们味蕾灵敏，不愧是最佳饭友。
>
> 而那些高贵的君主，
>
> 与食客们觥筹交错，品尝葡萄美酒，
>
> 由此提升了品位，
>
> 在法国，人们称其为"饕客"。
>
> （第八幕）

----

[1] 中古法语的写法是"costeau"。

这一叫法在17世纪风行一时，在拉布吕耶尔[1]或布瓦洛[2]等大作家的笔下都能找到，比如前者在他的著作《品格论》中提到："那些位高权重之人对自己的事情不闻不问……却很高兴自称美食家或'饕客'"；后者在《荒唐宴》中也写到一个"饿着肚子爱吹牛、自称是资深'饕客'的人"。

"friand"（讲究吃）、"gourmet"（美食家）、"coteau"（饕客）等诸多表达都是为了避免使用依然被当作贬义词的"gourmand"（贪吃鬼）一词。如果说在里什莱[3]于1680年编写的词典中，以"friand"形容一个"爱吃精致美食之人"的话，那么"la gourmandise"（贪吃）指的就是"饮食无度"，是"小罪恶"。菲勒蒂埃认为，"gourmand"代表那些"贪吃、无节制的人"，《法兰西学院词典》（1694年）则将其解释为"贪婪、饕餮之人"。在接下来的一个世纪，狄德罗和达朗贝尔在《百科全书》中又将这一名词定义为仅用于动植物的形容词："1. 一般是指吃起来毫无节制的动物；2. 指旁逸斜出、吸收树木所有养分的枝条，人们会特别留意将其去除。"启蒙运动的思想家都对贪吃抱有敌意。在《百科全书》里的"烹饪""调味"两个词条中，若古骑士介绍"提味"是一种"改善菜品味道"、勾起食欲的艺术，认为它和淫

---

[1] 让·德·拉布吕耶尔（Jean de La Bruyère，1645—1696），法国作家、哲学家、法兰西学院院士，代表作为《品格论》。
[2] 尼古拉·布瓦洛-德普雷奥（Nicolas Boileau-Despréaux，1636—1711），法国诗人、作家、批评家，著有文艺理论专著《诗艺》。
[3] 塞萨尔-皮埃尔·里什莱（César-Pierre Richelet，1626—1698），法国语言学家，编写了第一部法语词典。

欲一样堕落，是违背本性、危害健康的任性行为。路易-塞巴斯蒂安·梅西耶[1]在《巴黎写真》中刻画了一个贪吃鬼的形象，同样痛斥那些甘愿被自己的大胃口和厨师所左右的胖子。此时，"贪吃鬼"一词仍是"暴食""贪馋""饕餮"的同义词。

要知道，在1823年，享乐主义者格里莫·德·拉雷尼埃尔将他所写的巴黎美食指南取名为《饕客年鉴》，对于一个习惯了美食类读物的读者而言，这个标题不啻为一种挑衅。每出版新的一卷，该年鉴都会在卷首插图页附上一个严肃的标题：《饕客的藏书》、《饕客的兴趣》、《饕客的品鉴大会》、《饕客的冥思》、《晚宴主人的要务》、《饕客的美梦》、《饕客的兴起》以及《晚餐的大忌》。

然而不可否认的是，在旧制度的最后两百年里，法国精英阶层的生活方式发生了重大变化，饮食变成以享乐为目的。但是贪馋的新定义很晚才被收录到词典里。一直到18世纪中叶，若古骑士在他参与编纂的《百科全书》中，才在"gourmandise"（贪馋）这一词条中将其定义为"对精致美食无节制的喜好"。然而，贪馋的意义仍旧模棱两可，《百科全书》对它的态度仍是一味的谴责。不过贪馋终究被加上了"对精致美食的喜好"的含义，而不再仅仅局限于"无节制的"暴食。17世纪末，饕客的形象早已根深蒂固、深入人心。然而，菲勒蒂埃在1690年对"gourmandise"的定义仍仅限

----

[1] 路易-塞巴斯蒂安·梅西耶（Louis-Sébastien Mercier，1740—1814），法国戏剧家、作家。

于"贪婪，不知节制地吃喝"。

得体的贪馋，文雅的举止

贪馋一进入文雅的上流世界，便成了彰显社会差别、教育水平的标志。餐桌礼仪于12、13世纪出现，近世[1]开始逐渐规范。伊拉斯谟在《论儿童的教养》一书中教导孩子如何在不同场合举止得当。这本论著简明扼要，一共七章内容，其中第四章篇幅最长，整章都在论述餐饮礼仪。1530年，这本拉丁语小册子在巴塞尔出版，成为欧洲名副其实的畅销书并多次再版：1531年被译成德语，1532年被译成英语，1537年被译成法语和捷克语，1545年被译成意大利语，1546年被译成荷兰语。《论儿童的教养》一书未被译成西班牙语，但许多伊比利亚半岛地区的教育论著都从中汲取灵感，比如阿拉贡人文主义学家胡安·洛伦佐·帕尔米雷诺[2]针对瓦伦西亚不懂规矩的学生编写的指南《村里的学生》（1568年），华金·德·摩列斯神父的《基督教礼仪指南》（马德里，1772年）。

"人文主义王子"伊拉斯谟从古典文学（亚里士多德、西塞罗）、中世纪的教育论著（12世纪至15世纪）以及谚语和寓言中汲取素材，以编撰有关社会行为准则的著作。"注意不要让自己的胳

---

[1] 又称为近代早期，是欧洲历史学上的一种习惯分期法（将人类历史分为四阶段：古代、中世纪、近世、近代），近世指中世纪之后、近代之前的这段时期。
[2] 胡安·洛伦佐·帕尔米雷诺（Juan Lorenzo Palmireno，1524—1579），西班牙剧作家、教育家和人文主义者。

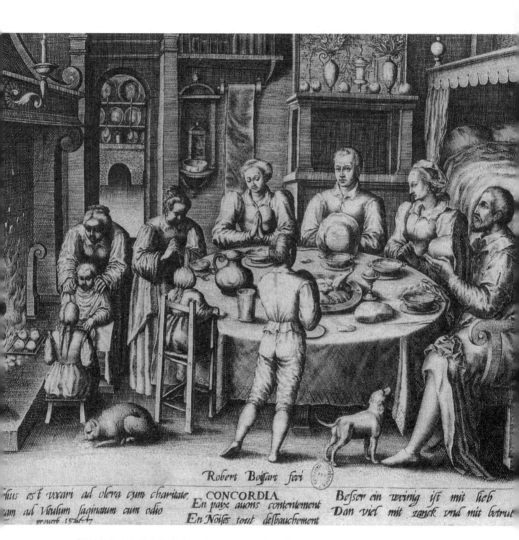

Robert Boiſſart fect

...ius eſt vocari ad olera cum charitate CONCORDIA. Beſſer ein wenig iſt mit lieb
...am ad Vitulum ſaginatum cum odio En paix auons contentement Dan viel mit zanck vnd mit betrut
prouerb. 15.cap.17 En Noiſes tout deſbauchement

餐桌上举止文雅确保家庭和睦。罗贝尔·布瓦萨,根据马丁·德·沃的作品《和谐》所绘,
约 1590 年,法国国家图书馆

膊肘朝外妨碍到坐在你旁边的人，也不要双脚往前伸打扰到坐在你对面的人"，"有些人刚一坐下，就伸手去取菜。这种行为与饿狼或者贪吃鬼没什么两样"，"狼吞虎咽，大快朵颐，鹳或者贪食的野兽才会这么做"，"有的人张大嘴巴，大吃大嚼，发出像猪进食一样的声音"，"用舌头去舔糖或者任何盛放在碟子上与其他菜品相配的甜食，那是猫吃东西的动作，而不是人的动作"，"人不会像狗那样直接用牙啃骨头，而是用刀把肉剔下来"。儿童必须克制自己不要流露出动物的本能，纠正以上类似狼、鹳、猪、猫、狗进食的行为，尤其要改掉暴饮暴食、不文雅的坏毛病。由此，伊拉斯谟确立了对西方影响长达至少五个世纪的古典礼仪行为规范。17世纪的法国外交官安托万·德·库尔坦[1]和18世纪的法国教士圣若翰·拉萨尔[2]所撰写的有关礼仪的著作，使得这些古典礼仪规范在法国继续沿用。这些规范包括时刻注意自己的行为，控制食欲，举止得体（不挠头、不剔牙、不玩刀叉等），保持坐姿端正。对进餐的仪态有明确的规定：如何使用餐具，切好食物，并放入自己的口中细嚼慢咽，而不是直接吞下去。餐桌上的谈话礼仪同样也有严格的规定：不要含着食物说话，不要发出不雅的声音，不讲污言秽语。

从文艺复兴到启蒙时代，教育家们都致力于推广餐桌文化，

---

[1] 安托万·德·库尔坦（Antoine de Courtin，1622—1685），17世纪法国外交官及作家，著有《法国君子礼仪之道新论》。
[2] 圣若翰·拉萨尔（Jean-Baptiste de La Salle，1651—1719），法国教士、教育家和改革者，他一生致力于贫困儿童的教育，著有《基督教文明礼仪规范》。

将它作为学习得体贪馋礼仪的重要场合。在餐桌上，人文主义者重新找到有教育意义的古代宴会美德，近代执政者呈现宫廷的运作方式，而启蒙时代"甜蜜生活"[1]中的人们则品味愉快交谈的艺术。至于罗马天主教会，它加强了聚餐和餐桌礼仪的社交意义，这在西班牙礼仪专论中被称为"基督教的优良习俗"。圣方济各·沙雷氏主教认为，理想的修行生活不能忽略用餐活动的社交功能，他在《成圣捷径》（1609年）中写道，"（通过在一起用餐）来保持交谈和彼此迁就"，同时他明确提出，我们"只有在饭桌前坐下了才能想到用餐"。而所谓"三亨利教理"[2]则告诫信徒要避免"有时因过量食肉而做出肮脏龌龊之事"。

有规律的餐食为正当的饮食享乐提供场合，也成为得体贪馋的必要条件，而除此以外的进食或偷偷吃喝仍会招致指责。在19世纪的资产阶级社会，餐食的这一角色在贪吃教育方面得到延续。不过，在17世纪上半叶，巴肖医生公开表示："没有比肚子和食欲更好的时钟。"这番言论与餐饮礼仪完全相悖。对前者而言，感到饿了，就意味着是时候吃东西了，而后者则认为，食欲也不能动摇规定好的就餐时间。统一的机械钟取代了因人而异的生物钟。用餐活动得以规范，各类餐食（早餐、简餐、午餐、下午茶或晚餐）与特定的菜式、用餐时间以及社交功能——对应，通过抑制食欲来引导

<hr>

[1] 法国政治家塔列朗说："没有在旧制度下活过，就不会知道甜蜜生活为何物。"法国大革命后，旧制度时期特有的飨宴与知识分子的活力一同烟消云散，更重要的是，一种甜蜜的生活方式也随之消失无踪。
[2] 指三位都叫亨利的枢机主教流传下来的天主教教理。

人们适可而止地享用美食。饭前祷告能防止宾客一入席便投入美食的怀抱，这也是克制贪吃的一种手段。

饕餮之徒的丑态

深谙餐桌礼仪之人的反面例子就是吃相难看的饕餮之徒（goinfre）。守礼之人会适可而止，而饕餮之徒食无节制，和乡巴佬、农夫、乞丐甚至动物如出一辙。在当时的文学作品中，乡巴佬总是狼吞虎咽，怎么吃也吃不饱。餐桌上宾客的行为举止会反映其社会地位，所以吉罗拉莫·奇雷利（Girolamo Cirelli）在《现出原形的乡巴佬》（17世纪末）一书中，描述那个"乡野粗人"吃得"像头猪"也不足为奇。此外，"goinfre"也可作为形容词，用来描述不拘礼节、不修边幅、随意不羁的行为方式。诗人圣阿芒[1]在《抛上天空》[2]（1629年）这首诗里就用"goinfre"一词来形容粗俗不雅的风格。在17世纪的法语中，"goinfre"（饕餮）一词与"propreté"（干净）相反。拉布吕耶尔笔下的人物涅阿东正是典型的吃相邋遢、不懂餐桌礼仪的饕餮之徒。

涅阿东只为自己而活，其他人在他眼里就跟不存在似的。他自己占了一张餐桌的主位还不够，还要霸占另外两张桌子的

---

[1] 安东尼·吉拉尔·德·圣阿芒（Antoine Girard de Saint-Amant，1594—1661），法国诗人。
[2]《抛上天空》（*La Berne*），这个标题指的是一种把人放在毯子上抛向天空的恶作剧。

雅各布·乔登斯,《吃蘘者》,1650年,
德国卡塞尔美术馆

主位；他忘了餐食是供大家享用的，而不是专供他一人；他把自己当作主人，认为所有菜品都是属于他的，在没有品尝完所有菜肴之前，他是不会停下来只贪恋于某一道菜的；他总是想着一口气吃遍所有菜品。他吃东西向来都只用手，抓起食物，把肉翻来翻去、拆解、撕扯，其他宾客要是想吃，就只能吃些残羹剩菜。他那脏兮兮、毫无节制的行径令人作呕，让饥肠辘辘的人看了都食欲全消；他的胡子和下巴还滴着汁水与酱料；他从盘子上面取一块炖肉，肉汁就一路从别的菜肴和桌布上滴落，一眼就能看出它的去向。他吃东西时还特别大声，吧唧吧唧的，一边吃着，一双眼珠子还不停地滴溜溜转，整个餐桌对他来说就像个食槽。他大大咧咧地剔牙，然后继续狂吃。

——《品格论》，"论人"，第121页

值得注意的是，饮食风俗的演变历程十分缓慢。在17世纪的欧洲，大部分精英阶层人士都还须学习奉行12、13世纪流传下来的餐桌礼仪。

培养高雅品位

懂得吃不仅是指得体的用餐与说话方式，它还是一门艺术，包括品鉴一款酒或一道菜的品质和口感。正如蒙田讲述的逸事中所强调的，烹饪艺术与品鉴艺术相辅相成。在备受赞誉的法式美食形

尼古拉·阿尔诺,《品位》, 17 世纪末

成的同时，语言净化运动正在进行，连美食书籍也要去除粗俗的用词，于是就有了莫里哀喜剧中语法学家沃热拉与厨娘们风趣的互怼。自中世纪末开始，用来点评葡萄酒优劣的专业术语发展起来，如果说美食家（gourmet）已成为美食爱好者的同义词，那并非偶然。由于葡萄酒在西方享有美誉，加上法式美食风靡欧洲，"美食家"一词受到精确用语的推崇，不仅摆脱了负面的含义，而且在19世纪成功融入其他欧洲语言。让我们来品味一位波尔多律师的精准用词吧。在一篇1765年的游记中，他将比利牛斯山山麓产的葡萄酒与波尔多葡萄酒进行比较："和他们一样，我认为这些酒确实口感细腻清爽，但作为日常饮用酒，则太容易上头；而他们也认为格拉夫酒（Graves）更绵柔，梅铎酒（Médoc）香味更浓郁、口感更醇厚，卡农酒（Canon）细腻且口感更怡人、更独特，圣爱美隆酒（Saint-Emilion）热烈又不失清爽，且不容易喝醉，更适合日常饮用。"

美食爱好者应当懂得如何识别、点评和欣赏葡萄酒的色泽、梨子的汁水、芦笋的清脆爽口。因此，17世纪至18世纪的园艺书籍不仅告诉人们流行的植物品种，还教人们如何去谈论。讲究吃的人在当时又被称作饕客，也应该知道自己享用的美味珍馐出自哪里：特雷戈尔地区的黄油、曼恩省的阉鸡、斯特拉斯堡的肥鹅肝、香槟地区的葡萄酒……近代名流雅士的餐桌上，对高雅品位的追求逐渐代替了中世纪所看重的口味的丰富多样。此外，在文艺复兴时期和17世纪尤其深受喜爱的五大感官寓意画中，展现味觉的不是菜肴或食物的丰盛，而是时下流行的食物。高雅品位需要学习、展示、传承。贪恋美食的人通过学习便可自称进入了君子行列，以区别于没教养者的饕餮行径。之后盛行于19世纪和20世纪的美食家形象由此萌发。19世纪初，旧制度和现代的文化传承人、美食家布里亚-萨瓦兰写道："动物进食，人类用餐，唯独有识之士方懂美食。"

引人思索的贪馋

懂得吃，换言之，是指懂得选择与自身社会地位相符的食物。"不懂任何美食，但格外喜欢吃鱼，而且比起好吃的鱼更喜欢不新鲜的、腥臭的鱼"，在圣西蒙公爵[1]笔下，旺多姆[2]就是这样一个"口味与众不同"的人。但是对于这位回忆录作家来说，描述此人贪食和对美食的一无所知，更多是一种隐晦的笔法，用以强调这位皇室后人血统混杂，因他祖父是法国国王亨利四世的私生子。为了让贪馋变得得体，贪馋者应该注意食物要与自身年龄、性别、社会地位相匹配——因为这些方面决定着他们的胃是娇气还是粗糙。借用人类学家克洛德·列维-斯特劳斯的名言，高雅的贪馋应该是能引人思索的。正因粮食无保障仍是绝大多数人日常生活中所需面对的问题，因而是否有选择食物的权利成了高雅的贪食这一定义中更

---

[1] 圣西蒙公爵（1675—1755），法国政治家、作家，著有《回忆路易十四》（又名《圣西蒙公爵回忆录》），是研究法国路易十四统治后期和路易十五初继位的摄政时期历史不可忽视的材料。
[2] 旺多姆（Vendôme，1654—1712），法国贵族，路易十四的主要将领之一。

为关键的因素。上流社会宴席上丰富多样的菜式让宾客们得以通过选择食物来展现自己的社会地位，这对那些习惯于粗茶淡饭和忍受饥饿的人们来说是闻所未闻的。

那些平民大众化的粗菜因而将受到排斥，像萝卜、鹰嘴豆、干菜，这些食物不是穷人就是苦修者吃的，只配用来填饱农人的肚皮。相反，上流社会的精英们对时鲜的豌豆、芦笋、朝鲜蓟、甜瓜、无花果和梨极其热衷，并不在意这些食物是否有滋补强身的效用，因此也造成了他们生理上的纤弱娇气。他们喜爱熟透了的果实那种入口即化的质地，免得宾客们因为咬嚼苹果之类粗鄙的水果而发出不文雅的声响。对大多数人来说，在物资匮乏、经济不稳定的环境下，精英们对时鲜蔬菜、早熟和晚熟的水果、新鲜的鱼类和肉类的偏爱，越发凸显这些人家境富裕，生来就衣食无忧。此外，精英们要表现出对果酱、蜜饯、杏仁饼的钟爱，一方面因为蔗糖价格高昂，花钱购买可以炫富；另一方面，它甜甜的口感让人联想到欧洲精英阶层经常蜂拥而至的点心聚会，那些大献殷勤、交际应酬的悠闲时光。

在等级森严的西方社会，养尊处优的贵族统治阶级刻意培养能彰显其身份特权的高雅品位，因此贪馋首先被赋予了浓郁的社会阶级意味。因此，夏尔·佩罗[1]的《可笑的心愿》（1694年）和巴

---

[1] 夏尔·佩罗（Charles Perrault, 1628—1703），法国诗人、文学家，法国童话的奠基人，以童话集《鹅妈妈的故事》传世。

尔塔萨·德·阿尔卡萨[1]的《欢乐的晚宴》（1605年）都想到借用黑血肠这道上不了台面的粗菜来调节气氛。在第一个故事里，一个贫穷的樵夫获得了不可思议的权利，可以实现三个愿望。他坐在壁炉跳动的火苗前，尽情享受这一刻安逸舒适的休闲时光，忍不住表达了想吃一古尺（相当于一百二十公分）长的血肠的愿望，这样人生就圆满了。这可把他的妻子惊呆了！她破口大骂："我们原本可以要一个帝国！这样金子、珍珠、红宝石、钻石、华服就应有尽有了，而你却只要了一根血肠？"的确，对那些脑满肠肥的上流人士而言，这样的愿望的确可笑，但对于肚子空空、成天幻想饱食一顿的穷人来说，倒也不失为一个合理的选择。在第二个故事里，在沙拉和凉拌海鲜之后上的菜是一条大血肠（西班牙文是mortilla，阴性名词），肥美圆润，足以媲美"令人尊敬的贵妇"！

当时的社会有一定的饮食习惯，吃与自己的社会地位不相配的食物会破坏社会的既定秩序。弗雷曼维尔[2]在《警务词典或条例》（1771年）中喟叹："有太多放纵无度的人和流浪汉，他们热衷于偷花园里的洋蓟、蜜瓜、甜杏还有其他水果。"他称这些窃贼们为"放纵无度的人"，因为这些偷窃食物的行为并不是为了生存而是为了满足贪吃的快感，把他们比作"流浪汉"旨在强调被偷的水果和他们的身份地位并不相匹配。和绘画一样，在近代欧洲的小说、

---

[1] 巴尔塔萨·德·阿尔卡萨（Baltasar de Alcázar, 1530—1606），西班牙诗人，其诗歌描述了生命与爱情。

[2] 拉·普瓦·德·弗雷曼维尔（La Poix de Fréminville, 1683—1773），法国法学家、公证人。

童话、寓言中，食物能直接反映主人公的社会地位。在阿里恩蒂[1]的一则短篇小说中，农民邦德诺吹嘘自己完全不逊色于骑士，并为这个大话付出了代价：在斐拉尔公爵的宫殿里，众人笑作一团，邦德诺这才发现原来公爵送给他的盾牌上装饰着低俗的徽章，湛蓝色的背景上不是代表贵族的雄鹰而是一只大蒜！塞万提斯在《堂吉诃德》中也利用食物制造喜剧效果。虽然桑丘·潘沙自称是巴拉塔利亚岛的总督，却津津有味地享用着过于家常的菜肴：凉拌海鲜佐两只看起来不太新鲜的牛脚，而他声称的身份地位完全应该可以让他吃上更高档的菜肴，像"米兰的鹧鸪、罗马的野鸡、索伦特的小牛肉、莫龙的山鹑或拉瓦霍斯的小鹅"。这段插曲的滑稽之处就在于饮食与其相应的社会等级的错位。也正是这个桑丘·潘沙，那个年代西班牙平民的典型，还大肆宣扬干面包配洋葱远比繁文缛节、精致考究的贵族饕餮盛宴更胜一筹。在博洛尼亚画家安尼巴莱·卡拉奇[2]的画作《吃扁豆的人》（约1590年）中，主人公独自坐在满满一碗煮熟的豆子前，狼吞虎咽地往嘴里塞上一大勺美食，同时左手紧紧抓着面包不放，眼神闪过一丝复杂的情绪：既有害怕那点口粮被夺走的担心，又有很快就要填饱肚子的满足。在本质上不平等的旧制度中，每个社会群体都有其关于吃的乐趣所在：出身显赫、家财万贯的贵族精英有的是琳琅满目的选择，而穷人能填饱肚子就已

---

[1] 萨巴蒂诺·德利·阿里恩蒂（Sabadino degli Arienti, 1445—1510），意大利人文主义作家、诗人。
[2] 安尼巴莱·卡拉奇（Annibale Carracci, 1560—1609），意大利画家卡拉奇三兄弟中最著名、成就也最突出的一个，是欧洲古典风景画的奠基人，注重"自然美"和"理想美"的结合，吸取古人和拉斐尔艺术之精华。

安尼巴莱·卡拉奇,《吃扁豆的人》,16 世纪末,科罗纳美术馆

是美梦成真了。

懂得控制身材

恰到好处的丰腴是一个精致的美食家在身材管理上最好的反映。丰腴得正正好不仅表明了一种价值判断，即要维持在不胖不瘦之间，更偏圆润一点而不是纤瘦，还说明健康是从肉体、经济以及精神三方面做出的考量。从文艺复兴时期到19世纪，适当的丰腴也是女性美的标准之一。相反，瘦削、营养不良、骨瘦如柴则被视为丑的特征。美丽的秘诀在于追求或维持丰腴圆润的体态。正如格里桑提[1]在《论道德》（1609年）中所述，威尼斯以及那不勒斯的丰腴女性都通过吃两种小杏仁饼干来使体态变得丰润饱满；而法兰西第一帝国时期的巴黎女性则更爱吃巧克力来达到目的，例如"黛堡先生"店内的巧克力。享乐主义者格里莫·德·拉雷尼埃尔曾说过，这家的巧克力可以让"许多美丽的女性"重新找回她们的"魅力与光芒，因为对于一个女人来说，如果体态不稍显丰腴，就毫无美丽与清新可言"。

相反，饕餮之徒的暴饮暴食表现出来的就是失去对身体的控制。温琴佐·坎皮[2]约于1580年所绘的《吃里科塔奶酪的人们》，表现的就是一群穷人抢东西吃的可笑画面。画作生动地描绘了四位

---

[1] 法比奥·格里桑提（Fabio Glissenti），17世纪的意大利作家。
[2] 温琴佐·坎皮（Vincenzo Campi，1536—1591），意大利现实主义画派先驱。

宾客，三男一女，他们正兴高采烈地抢食一块呈奶油状的白色奶酪。他们每个人都显得很迟钝、面露傻笑、目光空洞以及嘴巴微张。在一系列暗色调的衬托下，里科塔奶酪显得格外洁白无瑕，这和其中一位正准备吞掉一大块奶酪的食客那脏兮兮的双手、黯淡的脸色、张开的大嘴以及满口的烂牙形成强烈的反差。另一位食客驼着背站在奶酪的上方，虽然满嘴都是奶酪，但依然准备再吞下满满的一大勺，而此时他身边那人还将指甲脏兮兮的手搭在他的肩膀上。饕餮之徒就像乞丐一样，完全没有规矩。他们不懂礼仪，缺乏教养，张大嘴吃东西，恣意露出缺牙、肮脏、恶臭的嘴巴，无所顾忌地扑向食物，甚至直接端起公用的盘子吃，还紧挨着其他食客的身体。饕餮之徒总是狼吞虎咽。出身贵族家庭的堂吉诃德知晓餐饮礼仪，他总是提醒桑丘·潘沙不应该"同时用嘴巴两边来咀嚼食物"。

目不转睛地盯着自己的碟子、邻座的碟子或是上菜碟子里的菜肴，这是让饕餮之徒在社交场合现出原形的另一特征。如塞缪尔·约翰逊博士所形容的：这些饕餮之徒"在宴席上……所有心思都在吃上；他们的双眼就像铆在自己的碟子上一样"。接下来是詹姆斯·鲍斯韦尔[1]在《塞缪尔·约翰逊传》（1791年）中的一段不留情面的肖像描写，说饕餮之徒的身体"蜕变成一只野兽"，甚至倒了其他同席者的胃口；他的胃口"极大，并且他十分疯狂地用食

----

[1] 詹姆斯·鲍斯韦尔（James Boswell, 1740—1795），英国著名传记作家，现代传记文学的开创者。

温琴佐·坎皮,《吃里科塔奶酪的人们》,16 世纪末,里昂美术馆

物填满自己的胃口，以至于在狼吞虎咽时，他脖子上青筋暴起，平时动不动就会汗流浃背"。同样，醉酒也会被当成一种倒退，像一场丧失理智的身体那滑稽可笑、放浪形骸的演出，没了分寸、不知尺度、举止不当，总而言之就是不检点。人喝醉了就容易乱性。

"高雅的美食家"与"平民饕餮之徒"之间的反差也表现在富贵人家的膳食总管/领班与平常人家的厨子/伙夫的比较上。整洁优雅、体态良好是服侍贵族的膳食总管、切肉侍从和司酒官所必需的品质。而被关在密不透风、烟熏火燎的厨房里工作的厨师，在佛兰德和德国的雕刻作品中，个个都肮脏、油腻、肥胖；厨师红润的面容明显暴露出他嗜酒的喜好，从中世纪到20世纪，这都是人们对厨子最刻板的印象之一。日耳曼名厨马克斯·伦波特[1]编撰的《新烹饪食谱》配了约斯特·安曼[2]创作的两幅版画作品，表现了典型的厨师形象：衣冠不整，浑圆的肚皮撑开了上衣，围裙系在肚皮下，越发显得身材臃肿，双下巴让整个脸都扭曲变形了。同样，文学作品也传递了这一负面形象，要么缺少像烹饪文献中树立的理想厨师的人设，要么就是为了追求一种喜剧效果。粗鄙、贪食、肮脏、肥胖、油腻、酗酒、放荡、偷盗，佛罗伦萨诗人路易吉·浦尔契[3]的诙谐故事《莫尔冈》（1483年）里的半巨人马古特便是对厨师所有刻板印象的总和。人的确可以貌相：大腹便便是厨子身份的印记，

---

[1] 马克斯·伦波特（Max Rumpolt），16世纪的名厨，其写于1581年的《新烹饪食谱》被认为是首部培训职业厨师的教科书。
[2] 约斯特·安曼（Jost Amman，1539—1591），木刻版画家。
[3] 路易吉·浦尔契（Luigi Pulci，1432—1484），意大利诗人、外交官。

约斯特·安曼,《伙夫》,16世纪末

粗鄙的外貌暴露了他低贱的社会出身。厨师的外貌坐实了他贪食犯戒的行径。切萨雷·里帕[1]在《里帕图像手册》（1603年）一书中将贪食罪作了拟人化的比喻，同样也用圆滚滚的肚皮去展现。它还被赋予了鹤一样细长的脖颈，以便更好地品尝美酒佳肴。卑贱的贪食者一心只想着把自己喂得白白胖胖，就像他身边的公猪一样。

从追求健康到追求美味

历史学家让-路易·弗朗德兰[2]认为，大概是在17世纪至18世纪之间，医学给饮食规定的种种限制被逐渐打破，得体高雅的贪馋才得以诞生。同时，近代欧洲社会的文化语境（包括知识、宗教和科学等方面）又为这场饮食观念的解放大开方便之门，因为它对中世纪及其之前时代的立场提出了质疑。直到文艺复兴时期，古希腊医学家盖伦制定的饮食原则仍然被奉为圭臬，影响着上流精英们的餐桌。这些原则严格规定了上菜的顺序，告诫人们哪些肉不能吃，推荐哪些肉该多吃。此外，调料的选择、烹饪的方式以及食材的搭配都被规定得一清二楚，不容置喙。然而，随着饕客群体的涌现，这些饮食规定的条条框框受到动摇，并逐渐没落了。

印刷术使希腊语和拉丁语作品得以广泛传播，进而促使这些作

---

[1] 切萨雷·里帕（Cesare Ripa，1555—1622），意大利肖像画家，曾担任红衣主教安东尼奥·萨尔维亚蒂的管家和厨师。
[2] 让-路易·弗朗德兰（Jean-Louis Flandrin，1931—2001），法国历史学家，主要研究领域是家庭、性学和食物。

品被分析和批评。1525年，在威尼斯出版了第一版的盖伦全集后，盖伦的医学理论受到了帕多瓦大学教授安德雷亚斯·维萨里[1]的猛烈抨击。维萨里是一位实践经验丰富的解剖学家，他坚信只有在尸体里才能寻求到真理，而非是在"死去的语言"中。在其1542年出版的《人体的构造》一书中，维萨里驳斥了盖伦的理论，并且强调动物解剖和人体解剖是相似的。他还发现了当时仍不为世人所知的器官，从而质疑了盖伦的人体观念。1628年，英国医生威廉·哈维[2]发现了人体血液循环的规律，指出血液由心脏产生，而非如盖伦所言由肝脏产生[3]。此外，在16世纪至18世纪之间，对消化过程的科学解释不断发展完善，最终颠覆了古代饮食规定的条条框框。更何况，上流精英们狂爱吃传统意义上的危险食物却并未生病，例如"寒凉"的甜瓜和"影响健康"的桃子。这些都为注重观察和实证的新科学话语提供了可靠的证据。

让-路易·弗朗德兰将这一古代饮食规则的式微，解释为一场贪食欲望的解放。这一桎梏被打破后，人们得以更自由地追求美食带来的愉悦，进而发展出一套全新的话语，更公开地承认人吃东西就是为了愉悦。从此之后，烹饪术便不再追求用调料或烹饪技术来

---

[1] 安德雷亚斯·维萨里（André Vésale, 1514—1564），文艺复兴时期的解剖学家、医生，他编写的《人体的构造》被认为是人体解剖学的权威著作之一。维萨里被认为是近代人体解剖学的创始人。
[2] 威廉·哈维（William Harvey, 1578—1657），英国17世纪著名的生理学家和医生。他发现了血液循环的规律，奠定了近代生理科学发展的基础。
[3] 现代医学认为，血液只是由心脏泵出，输送到全身各处；而其产生则依赖造血器官。造血器官能够生成并支持造血细胞分化、发育、成熟，其生成各种血细胞的过程称为造血，包括卵黄囊、肝脏、脾、肾、胸腺、淋巴结和骨髓。

亚伯拉罕·博斯《品位》仿作，17 世纪初，法国图尔美术馆

改变食材原有的口感，也不再劳心费力让菜肴变得更易消化，而是尽量满足最挑剔的味蕾，激发食欲，巧妙结合食材的味道，全面展现其精髓，就像在美食家路易十五治下出版的法国烹饪书《科摩斯的馈赠》（1739年）的作者在序言中所写的那样。

此外，还要能大大方方地承认口腹之享带来的愉悦，于是高雅品位这一概念应运而生。尽管贪馋依然被认为是大吃大喝而受到强烈谴责，但是对精美饭菜的孜孜以求、对佳肴的热爱、鉴定美食之道以及谈论美食时真切可感的愉悦却大受追捧，成了有教养的标志。高雅口味一跃成为展现高级社会地位的标志。自17世纪起，它甚至成了谈论艺术时必不可少的话题。借食物作比喻，并以此来区分美与丑，这足以证明食物风味不仅是值得上流人士关注的主题，也是贵族阶级的心之所系。17、18世纪期间，上流社会的正人君子化身深谙美食之道的行家，喜欢餐桌上的愉悦也不再是一种羞于承认的特质。

社会学家史蒂芬·门内尔阐释了以下观点作为补充说明：法国旧制度时期最后两百年间，食物供应得以改善，比前几个世纪更安全、更规律，也更多样化。这让上流社会精英对美食爱好的养成成为可能，人们迎来了美食家时代。无论是贵族阶级还是资产阶级，当食物供应都有保障时，社会等级的区分便不再仅仅看饭菜的分量，更要看佳肴和美酒的品质。

法国文化模式的核心

旧式饮食规则的过时、风俗文明化过程中取得的进展以及食物供给的改善，这些趋势普遍出现在西方各国。美食艺术之所以能在法国蓬勃发展，除上述因素外，还因为法国属于热衷美食的天主教国家，有效仿宫廷做派的贵族阶层，还有一整套推崇风土物产丰富多元的话语体系。

君主专制下的法国，政治势力的再分配也是贪馋美食文化得以崛起的重要原因。17世纪以来，法国贵族的专属领域得以重新定义。他们驰骋沙场的机会越来越少，政府对他们的排挤却越来越多，法国贵族只能将餐桌上的花样作为维持其社会地位的途径之一。美食艺术的发展得益于在波旁王朝时期形成的基于教养（礼节）和优雅（整洁）的文化模式，同时这一美食艺术对王国得天独厚的丰饶物产赞不绝口。这些在"伟大时代"[1]备受"老饕"和侯爵们好评的美食也表明了法国各地风味特色的丰富多样。而源自17世纪的新式法餐排斥外来辛香料、迷恋本土香料也就是出于这样的文化价值取向。曾撰写过一本园艺专著和一本烹饪书的尼古拉·德·博纳丰（Nicolas de Bonnefons）甚至夸张地称平平无奇的欧芹是"我们法兰西独有的香料"（1656年）。因此当时的法国精英理所当然地认为自己的国家更为优越。"法国人"这一美食家和

---

[1] 指法国 17 世纪路易十四执政时期。

正人君子形象的形成，离不开地理、政治、宗教以及心态这四个方面的影响。

17世纪50年代，法国烹饪书籍数量激增，烹饪术语变得更加精准，贵族带头不羞于表现出对美食艺术的兴趣，这些都有助于把烹饪提升到美学艺术之列。在路易十四胞弟的封地圣克卢，雕刻家纪尧姆·卡代纳（Guillaume Cadène）用八尊雕像装饰庭院一侧的建筑物正面，寓意着雄辩、音乐、青春、喜剧、舞蹈、财富、和平，而美食也毫不脸红地位列其中。

这一趋势在18世纪得到了延续，餐桌成了尽情展现启蒙时代传奇的甜美生活的场所之一。摄政王奥尔良公爵菲利普二世一直以在皇家宫殿举办的精美晚宴而闻名，晚宴一般会持续到第二天清晨，不仅有考究的美味珍馐，还有香艳的情色诱惑。到了美食家路易十五统治时期，小型晚宴的举办地点被安排在凡尔赛、拉穆特，特别是舒瓦西。在离索镇不远的塞纳河左岸的舒瓦西乡间，晚餐并不是由国王的御厨准备的，而是由高薪聘请到的巴黎最著名的厨师准备的。正是在这样的背景下，一种新式烹饪应运而生了，它更精致，更有创意，成为高级法餐的前身，其中一家高级法餐的圣地就叫"路易十五"。正如耶稣会会士纪尧姆-亚森特·布让（Guillaume-Hyacinthe Bougeant）和皮埃尔·布吕玛（Pierre Brumoy）两位神父在《科摩斯的馈赠》一书的前言中所言："尽管在两个多世纪以前，法国就已经有美味的菜肴，但是我们可以很肯定地说句公道话，现在的菜肴的精致程度是前所未有的，并且也从未有人能像这般干净利落地烹调出如此美妙细腻的味道。"

不过，我们也不要因此把法国人的味蕾敏感度吹得那么玄乎。在贪恋美食的风气开始逐渐流行的几个世纪里，暴饮暴食的现象依然很普遍，甚至连帝王之家也不能幸免。路易十四患有痛风和消化不良。他的暴食习惯成了荷兰和德国专写抨击文章的作家的嘲讽对象。这些人把一国之君描绘成食人魔，借他贪得无厌的胃口讽刺他对新领土的无穷欲望。回忆录作家圣西蒙形容路易十四的儿子大王储"深陷在脂肪和冷漠中"，消化不良的症状日益加重，因为太胖而无法参与自己最喜欢的围猎活动。摄政王的女儿贝利公爵夫人嗜吃甜食，常在国王的宴席上大吃糕点，在凡尔赛宫的候见室里呕吐，喝得烂醉回家。她的品行遭到曼特农夫人的斥责，也被祖母普法尔茨夫人写进了家书。贝利公爵夫人饱受痛风的折磨，最终二十四岁就死于暴饮暴食。她纵欲无度的生活令皇室蒙羞，最终，皇室决定不发表追思悼词。至于路易十六，他也曾在自己的婚宴上吃撑到当场呕吐。尽管如此，人们的观念还是发生了变化。路易十四的好胃口被视为君王生命力旺盛的保证，而贝利公爵夫人和路易十六的饮食无度却受到同时代人的道德遣责。格里莫·德·拉雷尼埃尔曾称颂路易十五的统治推动了美食艺术的发展，但他在描写路易十六的胃口时可一点也没有手下留情：

> 他（路易十五）的继任者年轻又精力旺盛，吃起东西来不是细嚼慢咽，而是狼吞虎咽，且在选择食物这方面没有品位。

他认为的美食就是大块吃肉、营养丰盛，他旺盛的食欲让他对所有端上来的食物照单全收，因此根本无须费尽心思钻研厨艺来让他胃口大开。

饥肠辘辘者的复仇

法国大革命的讽刺漫画善于拿路易十六的"大胃"来说事。讽刺漫画家利用鱼肉百姓的王子和吃人妖魔的经典意象来谴责君主专制下的苛捐杂税，一改臣民眼中国王如慈父的正面形象。至于奢靡的"赤字王后"玛丽-安托瓦内特，她则被画成希腊神话中半鹰半人的女妖。

经常被王室成员围绕的国王被画成现代版的卡冈都亚，贪婪地吞噬着王国所创造的一切财富（《现代卡冈都亚王室成员的贵族盛宴》《葡萄酒神谕和本世纪的卡冈都亚》），或被画成家喻户晓的贪婪动物。在《稀有动物亦即王室家族被送往圣殿塔的情景，1792年8月20日，自由第四年和平等第一年》中，路易十六被画成人头火鸡身。火鸡是一种来自美洲的动物，被认为胃口难以被满足，同时也是愚蠢的象征，这一形象让人联想到鱼肉百姓的国王、来自异域的身躯、君主在政治上的软弱以及上不了台面的养鸡场的画面。

但是最常用来表现国王的动物是公猪。在法国大革命的讽刺漫画中，路易十六的形象有一半以上都是公猪。根据中世纪以来为人熟知的各种动物的寓意，猪的形象不仅能使人想到贪食的国王，它隐含的淫乱寓意也使人联想到王后和她那些无耻的风流韵事，而大革命前煽风点火的抨击文章到处散播玛丽-安托瓦内特用"肥猪"这个绰号称呼她的夫君。由于被传得沸沸扬扬，在大革命的头几年，"猪国王"的形象使君主地位丧失神圣性，同时也预示着国王死期将至，因为猪终究难逃被宰杀的命运。这不就是《啊！该死的畜生？》这幅画的含义吗？长着国王头的肥猪被一个爱国农民和他的狗撵进了棚屋，大家都心知肚明在那里等待着它的是怎样的厄运："啊！该死的畜生，为了养肥自己，它让我苦不堪言，它自己一身油肥，却一毛不拔。我刚从市集回来，不知道该拿它怎么办。"

英国漫画家对路易十六毫无节制的贪吃也有所描绘。《贪吃鬼，肥鸟飞得慢，拖拉害死人》是由约翰·尼克松（John Nixon）与艾萨克·克鲁克香克（Isaac Cruikshank）在1791年7月创作的一幅漫画，描绘了国王一家于1791年6月21日在瓦雷纳被捕的场景，这一幕发生在一家小旅店里。爱美的玛丽-安托瓦内特正在镜子前整理丝巾，她担心丈夫在桌子上吃得太久，因为出法国的路程还很遥远，于是就对他说："快点，我亲爱的路易，你难道还没吃完两只火鸡，喝好六瓶啤酒吗？要知道，我们要赶到蒙梅迪才能吃上晚餐。"就在这时，一名检察官走进来，向君王出示他的逮捕令。而路易十六挺着臃肿的身子，大腹便便地坐在桌前，面前放着一只烤火鸡和两瓶啤酒，正准备大快朵颐。他只回答说："我才不在乎呢！别打搅我，让我好好吃东西。"路易十六在瓦雷纳被捕后，许

《贪吃鬼，肥鸟飞得慢，拖拉害死人》，英国漫画，1791 年

多讽刺抨击小册子和漫画描述了国王企图逃跑时乔装打扮的样子，其中以扮成胖修士与厨师最为意味深长。同样地，在《路易十六告别妻小，1793年3月20日》中，著名的英国讽刺漫画家詹姆斯·吉尔雷（James Gillray）为丑化波旁王朝，故意描绘出他们贪吃和酗酒的样子。当军人上前将路易十六与他的家人分开时，这个国王呆若木鸡，手里紧紧地握住一个酒瓶和一杯葡萄酒，桌子上还有一只热气腾腾的烤鸡和一杯葡萄酒在等他享用。肥硕的路易十六名副其实地"在两杯酒之间"[1]，似乎还没弄明白到底发生了什么。

　　从近代到今天，在讽刺漫画家的笔下，肥胖经常会和饮食联系在一起。因此，18世纪至19世纪反教权主义的宣传经常在肥胖的教士和清瘦的耶稣会会士两种形象之间摇摆，教士肥腻的身躯和红通通的脸庞活脱脱就是寄生虫与世俗国家的对立面，只顾养肥自己，鱼肉百姓。他们还抨击教士的伪善，为了口腹之欲根本无意传播福音也没有慈悲心肠。至于耶稣会会士过于瘦弱的身材，则显示出他的野心勃勃和让他日渐憔悴的疾病，也隐喻了他对国家的危害。

　　19世纪至20世纪的政治漫画继续把贪吃者的身材和暴饮暴食、狼吞虎咽、毫无节制的胃口联系在一起。适度的丰腴成了大腹便便，或明显的过度肥胖。我们从中又看到贪吃者的经典形象，他们被描绘成寄生虫、谋一己私利的小人，甚至是吸百姓鲜血的水蛭。反对经济自由主义的人同样也拿这个做文章，脂肪的堆积等同于资

----

[1] 法国俗语"在两杯酒之间"（entre deux vins）是"半醉半醒"的意思。

《路易十六告别妻小,1793 年 3 月 20 日》,英国漫画,1793 年

本的积累。圆滚滚的肚子本身就暗示了生理上的放纵无度，隐喻了非同寻常的、为了恢复健康必须将其摒弃的累赘。现代漫画家也常用胖嘟嘟的身材搭配高顶礼帽和雪茄，来讽刺外省和颜悦色的胖乡绅、工业资本家和贪婪的银行家。

第五章

高谈阔论美食的时代

从布里亚－萨瓦兰开始，人们不再为自己是一个美食家而脸红，但也绝不想被当作饕餮之徒或者酒鬼。饕餮之徒只知道狼吞虎咽；而美食家会追因溯源、分析、讨论、研究，追求食物带来的实用性以及愉悦感、美感和口感。美食家过着体面的生活，而且他还应该有敏锐的知觉，有评判和鉴赏能力；如果他同时很富有，那就更好了。

—— 皮埃尔·拉鲁斯，《通用大词典》（1866—1876 年）

安泰尔姆·布里亚－萨瓦兰，《厨房里的哲学家》卷首插图，1848 年版，法国国家图书馆

　　《美食家多丹-布方受难记》（1924年）是一个颇有圣徒传记意味的书名。先是多丹-布方的第一任技艺超群、无人能及的厨娘去世了；之后是一位外国王子想方设法引诱他的第二任厨娘跳槽；再后来他因为两次受到美色的诱惑而错失品尝佳肴珍馐的良机；他多次受到痛风的折磨，做了一次温泉治疗，但疗养地竟然在德国，这对我们的美食家而言是更严峻的考验。只有欧也妮·夏塔涅和之后的阿黛尔·皮杜的厨艺对得起他的味蕾与声望。那些无法"在花椰菜酱中辨认出一丝肉豆蔻的异域风味"，无法"区分烤牛肉使用的食材是来自讷韦尔还是弗朗什-孔泰"，也觉察不出"一块刺菜蓟泥中放多了一小撮盐"的宾客可要小心会受到排挤。在美食这件事上，我们可不会马虎！《美食家多丹-布方受难记》是在19世纪落幕之后发表的，而19世纪的一个显著特征就是法式大餐称霸欧洲，这本书继承了法国美食所有的传统论调，包括它目中无人的狂妄和它的文学风格。确实，马塞尔·鲁夫的文笔流畅，谈论起美食来滔滔不绝，游刃有余，既不需要插科打诨、滑稽搞笑，也不需要援引严肃的医学论述，就可以亦庄亦谐地描绘出美食的乐趣。诞生于18世纪转折点的丰富的美食雄辩术是为适度的贪馋服务的，让人们得以大大方方地公然谈论美味珍馐。而在此前的几百年里，基督教化的西方世界只能采用迂回的、遮遮掩掩的方式去谈论它。

插科打诨和搞笑戏谑

长久以来，西方文学对美食享乐的描写均免不了滑稽、荒诞、讽刺和色情的手法，而戏仿类的作品一旦采取圣徒传记的描写方法刻画"圣鲱鱼"和"圣洋葱"的生活时便会提及美食。15世纪印制的《四场愉快的布道》中，有一卷是这样描写"圣火腿"和"圣香肠"苦难的一生的：它们被抹上盐巴，吊在空中，水煮，炙烤，然后切片，最后被人吞进肚子。通过描写佳肴与美酒之间的壮烈之战，这类文学作品展现了狂欢式的纵情和宣泄。就本义和引申义而言，"厨灶拉丁文"[1]常被用在文字游戏中以营造戏谑的效果：在《巨人传》中，人们在做弥撒时会用"venite apotemus"（来喝酒吧）来代替"venite adoremus"（来敬拜吧）。

意大利伦巴第诗人泰奥菲洛·福伦戈的作品《巴尔杜斯》是献给肥美丰饶的缪斯女神的，他在书中讲述了一个游侠骑士和他的同伴们（其中一个是厨师）从极乐之地到地狱深处并且最终消失在一个南瓜当中的历险故事。美食、烹饪方法、开创了一种诙谐诗（一

---

[1] 指蹩脚的拉丁文，据传这种说法源自耶稣会会士。

种基于拉丁语的博学的文字游戏）是福伦戈作品最根本的特质。至于佛罗伦萨诗人路易吉·浦尔契，他戏仿武功歌的作品《莫尔冈》为我们讲述了同名主人公巨人莫尔冈和一个矮小的巨人马古特两人在饮食方面的辉煌成就。传统武功歌里对追求骑士精神的描写被两位巨人念念不忘到处找东西吃的情节所取代。基督教骑士秉持的信念被摒弃，马古特的信仰只剩烤鸡、黄油、啤酒、葡萄汁和美酒："我相信这个，信之者得永生。"而在国王举办的宴会上，莫尔冈不顾餐桌礼仪，宁可吞下烤得半熟的整头大象，也不愿分一根骨头给他的同伴。宴会上的大快朵颐和狼吞虎咽也让莫尔冈的肚皮撑得圆鼓鼓的，没有一丝褶皱。在这场饕餮盛宴之后，莫尔冈"酒足饭饱，脑满肠肥，红光满面，像涂了一层圣油似的"。

不管是莫尔冈还是卡冈都亚，巨人形象都让人对豪庭盛宴、大快朵颐、痛快豪饮有了丰沛的幻想。同时，它也让与饮食相关的宗教价值和礼仪有了翻天覆地的转变。这一转变非常重要，因为它使大吃大喝的风气被权贵所接受。这些豪气冲天又滑稽可笑的盛宴场景主要是讽刺那些被饥饿困扰、食物匮乏的社会，从而驱除了粮食歉收带来的阴影和闹饥荒带来的恐惧。

西班牙流浪汉小说中有一个一直萦绕不去的主题就是对食物的痴迷，这些16、17世纪的伪自传故事讲述的都是一个社会出身卑微的主人公的冒险经历。身无分文的叫花子小癞子从萨拉曼卡一路流浪到托莱多，他感到饥饿难忍。为了摆脱饥饿的困扰，他伺候

图注：……《……》彩色版画，19世纪

过好几个主人，也换了好几个地方。值得一提的是，《小癞子》[1]（1554年）用喜剧和讽刺的手法体现了饥饿的悲剧色彩。聪明的小癞子成功骗过了第一个主人，一个警觉、狡诈且残暴的瞎子乞丐。小癞子从他那里偷走面包和酒，后来甚至还准备用一根萝卜换掉主人那油滋滋的烤香肠。在一幕滑稽可笑的戏中，瞎子主人把鼻子伸进小癞子的嘴里，结果被小癞子喷了一脸的香肠。他的第二个主人是个吝啬又贪吃的神父，每四天只给他吃一个洋葱，还煞费苦心地把这个洋葱当作可以媲美瓦伦西亚的糖果甜食的美味端给他。每到星期六，这个教士把啃过的羊头丢给小癞子并对他说："拿着，吃吧，填饱肚子吧！世界现在都是你的了！你吃得比教宗还好啊！"他的第三个主人是旧卡斯蒂利亚的一个小贵族，他人虽穷却好面子，曾两次在小癞子喊饿的时候宣扬清心寡欲对精神和肉体带来的裨益。小癞子在旁白时哀叹饥饿的神奇功效，并讥讽地说那他永远也死不了了！这个不愿屈尊俯就的小贵族扑过去吃小癞子乞讨来的食物，还叮嘱他行乞的时候不要太张扬，之后为了不让债主逮住他，像小偷一样溜之大吉……在饥饿面前，信仰和荣誉——西班牙社会的两大骑士精神，在《小癞子》一书中成为笑柄。

但是否可以正儿八经地写出美食之乐呢？食物被认为流于世俗，在高雅文学中几乎是缺席的。在莫里哀的喜剧中有人物吃东西的场景，在高乃依的悲剧里却没有。最有趣的是拉辛的闹剧《讼

---

[1] 也译为《托尔梅斯河上的小拉撒路》。

棍》（1668年），这是拉辛唯一一部有吃喝场景的作品，剧中人物甚至对一只名叫柠檬的小狗进行审判，因为它被控告在厨房吃掉了一只上好的曼恩阉鸡。在法国近代文学中，食物多出现在童话、滑稽小说、低俗的滑稽诗或情色小说中，在史诗、悲剧或抒情诗中却丝毫不见踪影。

必须有好借口才能公然谈论美食之乐

至少在17世纪中叶以前，只有从医学角度才可以正儿八经地探讨餐桌之乐，即使在烹饪书中也是如此。意大利人文学者巴尔托洛梅奥·萨基创作的《论得体的享乐》是欧洲第一本印刷的烹饪书，此书旨在宣扬一种适度、健康的饮食。书中菜单与食材的选取参考营养学，旁征博引古代大家的真知灼见。然而，书的序言、告读者书和正文中的烹饪方法、营养学的考虑和对盖伦的引用，又可以是谈论美食之乐的借口。因此，《大厨弗朗索瓦》——法国第一部新美食的文学作品在告读者书中，便强调了医学洞见之于健康饮食的重要性：

> 这本书"只重在教人用合适的调料来改善品质欠佳的肉类（食物），以此保持健康和良好的状态……以合理的花销，制作炖肉和其他肉类美食，以维持生命和健康，这比花大价钱去吃药、煎草药、看医生或吃其他偏方来调理恢复要

好得多"。

这是发自肺腑的忠告或只是明哲保身的借口？五年后，皮埃尔·德·吕纳（Pierre de Lune）在《大厨》（1656年）一书的献词中明确表示了对美食的热爱：

> 有几次，我曾有幸为您餐桌上的肉类（菜肴）调味；可以说，我在您身上找到了满足口味挑剔之人的味蕾的秘诀；如果我把它带进坟墓，后人想必会埋怨我。……那些讲究吃喝之人会因这个秘诀而受益，每一次他们在享用美食大餐时，都要想起您，每一次我的调味唤醒他们的胃口时，他们都要感谢您。

这本17世纪法国烹饪书的献词之所以重要，是因为作者公然表明他的烹饪书打破了传统，是基于对贪馋的新的理解，不再以有益健康那套说辞来掩饰享受美食的乐趣。18世纪将继续保留在烹饪书的序言中正经论述的风格，这些序言可以成为地地道道关于烹饪艺术的论文，甚至是美食宣言，《科摩斯的馈赠》那篇著名的序言就是一个很好的例子。

西方描绘食物的绘画似乎走了一条与烹饪书在描写贪馋之乐方面类似的道路。从文艺复兴时期开始，西欧经历了一股描绘食物的静物画和风俗画的风潮。在很长一段时间内，艺术史家们巧妙地剖析了书中出现的食物——面包、酒、油、水果、蔬菜、鸡蛋、鱼、肉、糕点——的道德和宗教含义，从面包和酒中发现许多基督的象征，或者在一个被虫蛀过的水果上看出虚荣的隐喻。当代人也有这么敏锐的眼光吗？或者说，它难道不是一个借口？为了可以去表现那些令人垂涎欲滴的食物，就像料理书需要借助有益健康的那套托词去谈论美食，画家也需要借助神话典故来描绘裸体。

内心不再纠结，所以18世纪的人们已经无须用这个借口了。在1763年的卢浮宫沙龙展上，狄德罗可以公然在巴黎画家夏尔丹[1]的静物画前流口水："真想拿起这些饼干吃掉；这只酸橙，真想剥开来挤它的汁水；这杯酒，真想喝掉它；这些水果，真想给它们削皮；这些肉糜，真想拿刀插上去。"我们是否能够毫不掩饰地追求美食之乐，还是要假托宗教、道德或健康的名义去谈论它？美食文学和绘画给出的答案遵循一条在年代上极其相似的演化顺序，让我们借鉴历史学家对烹饪书的研究，重新审视16世纪和17世纪的静物画与风俗画的传统演绎方式。

格里莫·德·拉雷尼埃尔眼中的饕客生活艺术

作为坐拥万贯家财的农场主之子，巴尔塔扎尔·洛朗·格里莫·德·拉雷尼埃尔享有"美食文学之父"的美誉。他的《饕客年

---

[1] 让·西梅翁·夏尔丹（Jean Siméon Chardin, 1699—1779），法国画家，擅长风俗画和静物画。他的风俗画大多表现市民阶层的生活，重视人物神态的表现和构图、光色的协调统一。对静物画，他不仅扩大了题材范围，还能分析静物的色调和质感，把平凡的内容画成优美的画面。作品有《勤劳的母亲》《烟斗与茶具》《午餐前的祈祷》《吹肥皂泡的少年》等。

《饕客年鉴》第二年扉页插图,格里
莫·德·拉雷尼埃尔,1804 年

《饕客年鉴》第四年扉页插图,格里
莫·德·拉雷尼埃尔,1806 年

鉴》有八卷之多，开创了一种前景一片光明的新体裁：美食专栏。除了他那令人愉悦的文笔，这本书的大受欢迎还得益于它打造了大革命后巴黎的"营养美食路线""一个老饕的漫步"。作者为读者提供了寻味巴黎的好去处：食品商店和美食餐馆，从繁忙热闹的菜市场到高尚街区，同时也不忘广受大众青睐的城郊露天歌舞咖啡厅。书中罗列了全巴黎最好的肉铺、熟肉店、巧克力店、乳品店、烧酒坊、奶酪店、水果店、冰淇淋店、甜点店、烤肉铺、下水铺和禽肉铺。格里莫还列出了一些卖餐具和桌布的商店，因为餐桌艺术也是乐享美食的重要组成部分。

《饕客年鉴》中提到的餐馆、咖啡馆和露天咖啡馆都是业内翘楚：在芒达尔街的康卡尔岩石餐馆中可以享用最美味的牡蛎和最新鲜的鱼；在意大利大街上的阿迪夫人餐馆里，除了有巴黎最可口的腰花和排骨，格里莫还向"名副其实的饕客"推荐松露禽肉片、松露香肠和蘑菇焗扇贝；城郊露天咖啡馆里才能吃到最地道的水手鱼，有歌舞表演的小酒馆里才能吃到备受欢迎的烩鸡肉。格里莫详细介绍店家位置后，又简洁生动地描写了用餐氛围、装潢和推荐菜，标明了菜品价格，谴责欺诈行为。他提到店家接待的热情度，描述餐馆口碑变好、变差抑或一如既往，还有餐厅是否已经易主转手等信息。他还谈到新创的菜肴，其中以甜点和糖果为主。最后，他也没忘给出一些菜谱，如刺柏酒炖斑鸠、酿番茄等，以及挑选好食材的诀窍和遵循时节规律等建议。

除了以上内容，《饕客年鉴》里还有礼仪准则，如"道德规范与用餐礼仪准则"。1808年，格里莫把这些内容收录在《宴客指南》中，这本书被誉为"一本教人美好生活及让别人也拥有美好生活艺术的入门书"。作者讨论的内容有如何写请柬、何时送出、如何回复、如何安排宾客座位、宴请者应尽的责任，等等。作者认为贪馋、礼节与文雅三者密不可分。从本质上来讲，真正的贪馋不仅是一种高雅礼仪，还是一种生活艺术。

"馋"（gourmandise）的定义自提出之时，就指出必须"精进"方可深谙"美食之道"，故用"馋"来形容小孩子并不恰当："叫孩子'馋猫'实为谬赞，最多只能说他贪吃。因为孩子缺少可以让他真正领略美味的常识和经验。"格里莫作品的重心在于揭开饕客生活艺术的面纱，故被列入礼仪名著。他的目的就是"使与饕

路易·菲利贝尔·德比古，《致老饕》，科尔瑟莱商店的招牌，巴黎卡纳瓦雷博物馆（巴黎历史博物馆）

客礼仪相关的风俗习惯为人所知并为人所用"（《宴客指南》），为那些在法国大革命引发的政治社会动荡中新兴的精英阶层灌输旧制度时期的礼仪规范。彬彬有礼且懂得谈话艺术是一位人见人爱的饕客的基本素养。不论宾客还是宴请的主人都需谈吐风趣，"没有这愉悦的心情，最丰盛的筵席也不过是一场凄凉的百牛大祭"。饕客鲜少吝啬与人分享贪馋的逸闻趣事，在对答如流、幽默风趣、谈笑风生的同时也要避免自顾自夸夸其谈。入席就餐时，"若弗兰夫人[1]给一位外省年轻人的建议十分在理：既要带上大餐刀，也要备好小故事"！《饕客年鉴》的每一卷中都有许多用来活跃就餐气氛的连珠妙语和小故事：

> "烤乳猪一上桌，就要立即停下手头所有事。当务之急是将烤乳猪变成贵族，用旧法语的说法，就是砍下它的头[2]。" "'这世上的酒用来做弥撒太多（这里指做弥撒领圣餐的时候神父都要喝一点酒，分发一点面包饼），用来转动水车推磨又远远不够，所以应该把它喝掉'——这是清规咏经团修会里掌管财务的教士常说的话。" "我们可以将帕蒙蒂埃先生[3]视为土豆界的荷马、维吉尔和西塞罗。"

---

[1] 若弗兰夫人（Marie-Thérèse Rodet Geoffrin，1699—1777），法国著名的沙龙女主人。画家布歇、夏尔丹，启蒙哲人狄德罗、达朗贝等都是她沙龙里的常客。
[2] 这里影射法国大革命时期很多贵族都被送上断头台的史实。
[3] 安托万·奥古斯丁·帕蒙蒂埃（Antoine Augustin Parmentier，1737—1813），法国随军药剂师、农学家、营养学家及卫生学家，促进了土豆在欧洲的推广。

美酒助兴，饕客不再自视清高，唱起几段饮酒歌，当唱到一些情色的段落时，女人们羞红了脸。风趣、愉快的交谈会避免谈论政治这类有争议的话题——毕竟法国大革命才刚过十年——反之，"文学、戏剧、韵事、爱情以及美食艺术都是把酒言欢时源源不断的话题"。

抬高饕客的地位

格里莫虽然从内容和形式上开创了一个新的文学类型，但他想要抬高"gourmand"（饕客）一词地位的努力却遭遇了失败，因为19世纪的欧洲人更偏爱"gastronome"（美食家）这个词。"饕客"一词被基督教的种种言论打上了深深的烙印，语义一直暧昧不明，因此格里莫使用它有一种挑衅的意味。直到《饕客年鉴》出版到第三年的时候，格里莫才佯装惊讶地对他的选词进行了一番解释。

按照法兰西学院词典的解释，"gourmand"（饕客）是"glouton"（暴食之徒）和"goulou"（贪吃鬼）的近义词，"gourmandise"（饕餮）是"gloutonnerie"（暴食）的近义词。这个定义似乎并不完全准确，我们应该用"glouton"（暴食之徒）和"goulu"（贪吃鬼）来形容那些饮食无度、贪得无厌的人。近年来，"饕客"一词在文人雅士圈里已然洗白，甚至可以说有了些许高贵的意味。

抬高"饕客"的地位依然是通过礼仪实现的。**名副其实的饕客与脏兮兮的暴食之徒无论在道德、教育或外表上都有云泥之别。**格里莫所描述的饕客是克制从容的，他会细嚼慢咽以品味食物的精华。最能代表他的器官是味蕾，而胃只不过是一个工具。味觉总是与一些褒义的形容词相联系，比如挑剔的、讲究的、精致的，因而就成了"gourmand"（饕客）的同义词，并使得美食享受变得更知性甚至灵性。通过美食批评和老饕点评，格里莫使美食享乐和智性活动相结合成为可能。形式为内容服务，以便与基督教的旧传统划清界限，而后者把清淡饮食当作灵修升华的必要条件。"贪馋"摆脱了"肚子-下腹"这对被人鄙视的搭档，转而提升至讨人喜爱的"味蕾-大脑"相结合的高度。每年出版的《饕客年鉴》扉页出现的饕客形象就是这种变化的见证。

格里莫所使用的"gourmet"与"friandise"这两个词的词义同样也发生了转变。如果说"gourmet"一词继续和葡萄酒领域紧密相关，格里莫也把它与一些固体食物联系在一起。在皮埃尔·拉鲁斯编写的《通用大词典》中，"gourmet"一词被定义为"懂得品鉴美酒佳肴之人"，该词与19世纪出现的"œnologue"（葡萄酒工艺师、品酒师）一词相比，更接近于"美食家"的意思。至于"friandise"一词，它慢慢趋于去掉咸味，让甜味一统天下，并主要与女人和儿童的世界维系在一起。

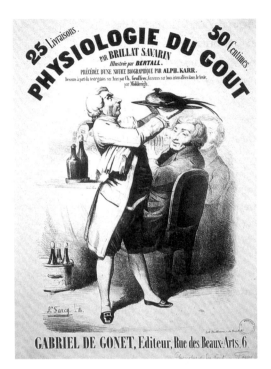

布里亚－萨瓦兰,《厨房里的
哲学家》封面,1826 年版

《厨房里的哲学家》中的版画,
1826 年版

"friandise"一词尤指对各种甜食的喜好，也就是说对以糖为主味的食品的喜好；因此，"饕客"的角色在筵席上吃完餐间小菜[1]后就功德圆满了，而"friand"（贪甜者）的角色在上甜点时才刚刚登场，这话说得一点都没错。

"friandise"成了"sucrerie"（糖制甜食）的同义词。"所有好食客在吃完烤肉后就结束了自己的正餐，之后再吃东西不过是出于捧场或礼貌。"我们在一位法国作家的笔下可以看出当时饮食文化对糖和甜食的轻视。

美食家的诞生

19世纪初，律师约瑟夫·贝尔舒和他的诗歌《美食或在田间午饭的农人》（1801年）对丰富法国美食词汇有重大的贡献。对这首诗的评论多半着眼在"gastronomie"（美食学）一词上，"gastronomie"是古希腊诗人阿切斯特亚图（Archestrate）一首诗的法文译名。这首诗虽然已经失传，但是依旧为人所知，这要归功于希腊修辞学家阿特纳奥斯（Athénée），他在《智者盛宴》里引用了这首诗的片段。"gastronomie"直译是"胃（gastro）的准则（nomos）"，它的含义完全符合格里莫理解的关于

---

[1] 餐间小菜（entremets）指传统法餐中放在奶酪之后、甜点之前上的清淡菜品或甜味菜品。

"gourmandise"的真正定义。"gastronomie"一词强化了美食是一门艺术同时也是一种社交礼仪的概念，同时又避免了"gourmand/gourmandise"在宗教上模糊不清的含义。格里莫从《饕客年鉴》第五卷（1807年）起开始使用"gastronome"和"gastronomie"这两个词。

最后一部对美食论述的诞生做出巨大贡献的作品是布里亚-萨瓦兰的《厨房里的哲学家》。布里亚-萨瓦兰是个酷爱美食的法国法官。他所撰写的这部作品流传至今，从未被世人遗忘。从1826年至今，总共有过五十多个法文版本。《厨房里的哲学家》凝聚了布里亚-萨瓦兰一生的心血，这本书确定了两个目标：定义一般人认为的"贪馋"以及提出"美食学"的基本理论。正如格里莫所认为的那样，贪馋和狼吞虎咽、暴饮暴食、酗酒不同。布里亚-萨瓦兰认为"贪馋"首先是一种社会品质，是一种社交礼仪，而烹饪首先是一门技艺。

正如书名所示，布里亚-萨瓦兰的独创性就在于采用极其科学的方法探索美食的乐趣。**既然被当作一门科学来介绍，美食学就必须有自己的学院、讲坛、理论家和实践家。**作者自称教授，在观察和实验的基础上，提出了一套餐饮乐趣的科学理论，即味觉生理学。这门新的科学兼具人体生理学和面相学的特征，同时借鉴了化学、解剖学和营养学，还有历史和人种志等学科知识。为了调和美食的乐趣与科学的严肃性，教授还穿插了一些趣闻、妙语、饮酒歌，提供了如何成功举办晚宴的建议、历史掌故和精辟的格言。在

美食爱好者大仲马是《美食大辞典》的作者,这页菜谱就出自他的这本辞典(1905年)

此过程中，他不仅巩固了法国美食王国的形象，同时通过引用18世纪后半叶的例子，让路易十五时期的餐饮艺术盛名不衰。

"自布里亚-萨瓦兰之后，人们不再以身为美食家而脸红，但人们无论如何也不愿意被视作饕客或酒鬼。因为饕餮之徒只知狼吞虎咽。"词典编纂家皮埃尔·拉鲁斯在《通用大词典》中给出的"美食"（gastronomie）定义，承认了布里亚-萨瓦兰的美食评论和"美食家"（gastronome）一词的成功，同时也宣告了格里莫·德·拉雷尼埃尔的失败，"饕客"（gourmand）和"饕餮"（gourmandise）这两个词也因此被打入冷宫。

法国美食论述在欧洲的风靡

美食论述诞生于法国，从本质上来说具有民族性。同时，美食论述的法国属性又决定了其志不只在法国，而在四海之间。在整个19世纪，法国美食论述的影响力逐渐辐射欧洲其他国家。其他语言中的法语借词就是最好的证明。1820年，"gourmet"（美食家）一词被英语借用。差不多同一时期，还产生了许多新词，如gastronomy（1814年）、gastronomer（1820年）、gastronome（1823年）、gastronomic（1828年）、gastrology（1810年）、gastrologer（1820年）、gastronomist（1825年）、gastronomous（1828年）、gastrophile（1820年）、gastrosophy（1824年），而且还有带着浓浓法国情调的gourmanderie（1823年）！这些词语的使用时间或长或短，但都对法国美食之乐的理论化起过至关重要的作用。

　　法国美食的影响力不仅仅表现在词汇借用上。英国的《老饕年鉴》（1815年）从法国《饕客年鉴》中汲取灵感，为读者点评伦敦的餐厅和食品商店。格里莫曾自豪地提到，《饕客年鉴》出版的第一年，就出现了名为《美食者年鉴》（1804年）的德文译本。1810年，贝尔舒的诗作被翻译成英语，名为《美食，或美食享乐者指南》，十年后被翻译成西班牙语的《美食或餐桌上的乐趣》，在1825年被翻译成意大利语的《美食和吃得好的艺术》，1838年推出新译本《美食术即培养饕客之道》，1856年还被翻译成葡萄牙语……至于布里亚-萨瓦兰的《厨房里的哲学家》，在1912年甚至还被翻译成了匈牙利语。19世纪的欧洲精英们能直接阅读法文原版书，所以大量译本证明法国美食论述已经越来越走进欧洲各国的普通百姓家中。

　　1822年，英国美食家朗斯洛特·斯特金（Launcelot Sturgeon）在其著作《关于美好生活这门重要学问的道德、哲学和胃口方面的论文集》中对真正的"美食家"（英语为epicure，法语为gourmet）下的定义表明，格里莫·德·拉雷尼埃尔的著作在英国应该已有译介：

　　　　暴饮暴食说白了只是胃口大而已，若光看胃口，汉普郡最粗鄙的五花肉大王也能匹敌最高贵的食海龟肉的商业巨子。懂得品味美食，是上天赐予的最美好的禀赋：这是一种精致的、有选择能力的品位；它关乎味觉，而前者则关乎肚肠。

19世纪的英国美食文学并没有脱离格里莫·德·拉雷尼埃尔和布里亚-萨瓦兰开创的法国范式。到了20世纪，英国的美食文学出现了安德烈·路易·西蒙[1]这位多产的作家，他是一个定居英国的法国人。就像米兰医生乔瓦尼·拉兹博尔蒂[2]所著的《写给民众的待客之道》那样，意大利的美食文学也是以巴黎文化为典范来创作的，意大利语中的"buongustaio"（讲究吃喝的人）就等同于法语中的"gastronome"（美食家）一词。西班牙的美食论述也受到了法国的影响。马德里名厨安赫尔·穆罗（Angel Muro）声称自己师从大仲马、格里莫·德·拉雷尼埃尔、名厨卡雷姆[3]和古费[4]等人，他在巴黎生活了二十一年，是《通用美食词典》（1892年）的作者，也是西班牙美食文学畅销书《老饕》（1894年）的作者，这本书在1894年至1928年间至少发行了三十四版。在他的写作中，穆罗常引用重要的法国美食著作，对之加以评价并援引一些段落，比如在《老饕》中讲述餐桌礼仪的那一章便以布里亚-萨瓦兰的一句名言作为开篇："动物进食，人类用餐，唯独有识之士方懂美食。"

....

[1] 安德烈·路易·西蒙（André Louis Simon，1877—1970），葡萄酒商人、美食作家。
[2] 乔瓦尼·拉兹博尔蒂（Giovanni Rajberti，1805—1861），意大利医生、作家。
[3] 马里-安托万·卡雷姆（Marie-Antoine Carême，1784—1833），被誉为"法国现代美食之父"。
[4] 朱尔·古费（Jules Gouffé，1807—1877），法国著名大厨、糕点师。

贪馋成为一种文化遗产

多亏了美食家的能言善辩，美食艺术才能跻身文化遗产之列，更何况20世纪注重休闲娱乐的社会已经把地方特色美食打造为吸引游客的王牌。与汽车发展渊源颇深的美食旅游随着旅游指南的崛起而蓬勃发展。最初，是一家法国轮胎公司开创了划分星级的美食路线。第一本《米其林指南》[1]于1901年出版，该指南从20世纪20年代开始推荐美味佳肴，然后评鉴餐馆并授予星级。因此，从巴黎到蓝色海岸，途经勃艮第和里昂，主干道沿途都矗立着一座座历史悠久的法国美食殿堂。20世纪30年代，意大利也开始推出自己的美食旅游书，例如意大利旅游俱乐部[2]发行的《意大利美食指南》（1931年）和保罗·莫奈利[3]所著的《游走的美食家》（1935年），通过展示地方特色美食，赞美意大利物产之丰富。这些旅游指南层出不穷，不断宣传当地的特色佳肴，逐渐将它们提升到高贵的文化遗产的范畴，和当地的名胜古迹或名人雅士一样重要。

目前由法国或欧洲公共机构授予的A.O.C.（原产地命名控

---

[1] 法国知名轮胎制造商米其林公司所出版的美食及旅游指南。起初主要是为驾车者提供一些实用资讯，比如关于车辆保养的建议、行车路线推荐以及酒店、餐馆地址等，后来开始为法国乃至全球的餐馆评定星级，因其严谨的评审制度而得到读者的信任，并因此闻名遐迩。

[2] 意大利旅游俱乐部（Touring Club Italiano），于1894年11月8日在米兰由57名自行车爱好者发起成立，初衷旨在全国范围内推广以自行车等新式交通工具作为大众旅行的新手段。在其百余年的历史进程中，始终致力于推动旅游业的发展，同时高度关注国家与文化知识的传播。

[3] 保罗·莫奈利（Paolo Monelli, 1891—1984），意大利作家、演员。

制）[1]、A.O.P.（原产地命名保护）[2]和I.G.P.（受保护地理标志）[3]，不仅对美食区域进行了政治正确的地理规划，还将地方美食转化为文化产品，并且——最重要的是——将其灌输给消费者。这些产品地理标志保护措施能够引导消费者去欣赏隐藏在产品标签背后的风物、技艺和历史。对于游客而言，公共机构鼓励他们离开海滩和度假村，踏上品鉴葡萄酒之路，参观美食景点，品味当地的饮食文化。此外，欧洲媒体除了名正言顺地在美食专栏里谈论美食，同样也在旅游、度假和其他周末游玩目的地的版面中宣传他们的美食。

如今，有了文化做借口，人们就可以堂而皇之地大饱口福。而美食确实与一座城市、一个地区、一个国家的认同感息息相关，哪怕只是一道菜肴的名称。比利时就是最好的例子。在蒙塔涅和高查克合著的《拉鲁斯美食词典》（1938年）中，比利时被描绘成"高级美食之都"和"饕餮之乡"。这种说法要归功于比利时的菜分量十足，譬如佛兰德炖锅[4]或瓦隆肉肠培根锅[5]，还要归功于比利时声名远播的手工产品（巧克力、啤酒），以及比利时人喜爱社交筵

---

[1] A.O.C. (appellation d'origine contrôlée)，法国、瑞士传统食品的产品地理标志，是欧洲原产地命名保护（A.O.P.）标志的一部分。原产地标志保障产品（葡萄酒、苹果酒、水果、蔬菜、奶制品等）的质量、特性、产地和生产者的制作工艺。
[2] A.O.P. (appellation d'origine protégée)，欧盟原产地命名保护的标志，欧盟成员国生产的农产品，如高级橄榄油、水果、蔬菜、奶制品等都有这个标识。
[3] I.G.P. 地区餐酒 (indication géographique protégée)，欧盟分级中用来逐渐取代 Vin de Pays 的等级，通常产区比 A.O.C. 产区的范围大，允许栽种非传统的品种，单位产量的限制也较为宽松。
[4] 佛兰德炖锅（waterzooi）是一道源自比利时根特的菜肴，基本食材为鸡或鱼。
[5] 瓦隆位于比利时南部。瓦隆肉肠培根锅由肉肠、培根、土豆、胡萝卜、洋葱等煨煮而成。

宴的天性。此外，这一形象同时也是20世纪初期历史建构的结果。当时，比利时政府为了让人民对这个创建于1830年的年轻国家产生更深厚的认同感，将所谓的比利时菜肴和佛兰德画家乔登斯、鲁本斯或勃鲁盖尔画布上丰盛的食物画上等号。如果说"比利时性"[1]确实存在，那么"贪馋"便是比利时人的特质之一。

一旦贪馋成为一门学问，它就被视为一种文化、一种能让人产生归属感的生活艺术，换言之就是一种能塑造族群认同的资本，那么贪馋被列入文化遗产的名录就再合理不过了。法国对此深信不疑，在法国传统美食的"申遗"材料中，宴饮应酬、用餐交谈、美食享乐以及待客之道等都是材料的主要内容。[2]在该项申请案中，美食的定义非常接近格里莫·德·拉雷尼埃尔曾极力捍卫的贪馋的概念。

[1] "比利时性"（belgitude）指比利时的全部文化特征，或是对作为特定文化主体的比利时所产生的归属感。"比利时性"一词其实仿"黑人性"（négritude）一词而来，20世纪二三十年代，法语界黑人知识分子曾发起拒绝殖民主义与种族主义的"黑人性运动"。
[2] 联合国教科文组织已于2010年将法国传统美食文化列入《非物质文化遗产名录》。

第六章

贪馋，弱势性别的弱点

Jean Béraud. 1889

贪馋也包括对甜点的喜爱，即偏爱清淡、精致、分量少的菜肴、果酱、糕点等。这种饮食变化更多考虑到女人和女性化的男人的需求。

——布里亚－萨瓦兰，

《厨房里的哲学家》，1826 年，"冥想十一，关于贪馋"

让·贝罗，《格洛普糕点店》，1889 年，巴黎卡纳瓦雷博物馆

　　德·萨布莱夫人府上的佳肴美馔在法国贵族社会中堪称一绝，
连国王的胞弟也宁可舍弃御膳大厨的手艺，来此大饱口福，而大思
想家拉罗什富科则对胡萝卜汤、羊肉或牛肉炖菜以及梅干焖鸡念念
不忘，这一切都得益于侯爵夫人敏锐过人的味觉。眼见着就要从这
位美食达人手中接过"两盘自己以前不屑一顾的果酱"，拉罗什富
科馋得直咽口水。他用睿智的箴言和她交换食谱，渴望侯爵夫人能
传授他"橘子酱"和"地道果酱"的秘方。德·萨布莱夫人活脱脱
展现了塔勒芒·德·雷奥犀利的笔下那副贪馋的嘴脸。他把她刻画
成一个矫揉造作的"贪吃鬼"，不停地发明一些"新花样"——一
些或咸或甜的点心——她还尖锐地批评《大厨弗朗索瓦》里的食
谱。作为第一部见证一种正在酝酿成熟的新式烹饪的文学作品，
《大厨弗朗索瓦》却被侯爵夫人批评为"毫无价值"，"这样糊弄
欺骗世人应该受到处罚"。那是因为德·萨布莱夫人对自己拥有世
界上最敏锐的味觉而沾沾自喜，无法容忍"不懂品尝美味佳肴的
人"。既然她对美食的贪恋已经到了不可理喻的地步，那这种贪
恋还能算得体吗？她"做什么都无济于事，她没法把魔鬼从家里赶

走，因为魔鬼在她的厨房里打起了掩护"。她的朋友评论道："从笃信宗教开始，她便是世间最贪吃之人。"塔勒芒·德·雷奥的一句话，言简意赅，道出了她的放纵与虚伪，也对她的贪馋行径提出了质疑。他还大玩文字游戏，用"贪吃"（friande）以及"玩花样"（friponnerie）等充满暧昧的性爱意味的字眼来影射侯爵夫人对风流韵事的嗜好，并指出女人贪馋可能导致的怪癖：性爱成瘾。三十年后，菲勒蒂埃在阐释动词"friponner"（即在除正餐以外的时间吃东西）的含义时，只举了一个例句，"女人们总是在兜里放一些能当作零食吃的东西"，可见他认为贪馋的行为必然是属于女性的。如果贪馋被理解为一种对零食的偏好，那么它是否是弱势性别的一个弱点，象征着先天的意志薄弱呢？

女人与嗜好甜食

女性特别喜好甜食的论调很早就出现了。中世纪末期的教士就已探讨过这一主题。他们谴责女性总是不停地小口品尝糖果、甜品和蜜饯，这一不小心就有把丈夫吃穷的风险！18世纪初，弗雷德里克·斯拉雷医生则支持吃甜食，他自然而然将《为糖辩护：反对威利斯博士[1]的控诉》（1715年）献给了女性读者。如果说糖属于女人的世界，那么男人吃甜食就显得有点娘娘腔。在反宗教者塑造的

---

[1] 托马斯·威利斯（Thomas Willis, 1621—1675），英国医学家，17世纪后半叶欧洲医学的主要代表人物之一，在解剖学、神经病学和精神病学的历史中发挥了重要作用。

刻板印象中，修士们因为嗜好糖、巧克力和果酱而被归入女人的世界。在大众的想象中，女人和甜食之间的关联如此之大，以至于到了20世纪，女性杂志还会毫不犹豫地建议孕妇：如果想生女孩，就应多吃甜食；而如果想生儿子，则应多吃咸食！

馈赠食物作为一种古老且广为流传的社会习俗，证明了人类文化确实将女性与甜食联系在一起。1568年，梅兹市将糖渍黄香李赠送给了年轻的国王查理九世和王太后凯瑟琳·德·美第奇；时隔百年，于1678年，又将一百罐干果酱（水果软糖）、七十罐去皮的黄香李和三十罐白覆盆子赠予路易十四的妻子玛丽-特蕾莎。19世纪初，陆续出版的《饕客年鉴》的每一卷都致敬了富有创意的巴黎糖果师傅们，夸赞他们制作了新式糖果供殷勤的绅士作为馈赠佳人的新年礼物。这些糖果都有着令人回味的名字，比如杜瓦尔糖果铺里的"致您的魅力""致优雅""致专一""致甜蜜""致忠贞不渝"……附有一句格言妙语的焦糖，还有贝特勒摩糖果店里的"缪斯女神的糖果""爱的玫瑰""爱之眠""爱之贝""沉睡的维纳斯"等酒心糖。时至今日，盎格鲁-撒克逊人也习惯在情人节送女朋友巧克力和其他甜点，这一行为延续了早期送糖果献殷勤的习俗。而在意大利"佩鲁贾之吻"[1]的巧克力礼品盒上的图案也是一对在蓝夜背景下相拥的情侣形象。

女性和糖的共同特征——甜美——让人把两者自然而然地联

---

[1] 芭喜巧克力 (Baci Perugina) 是世界著名巧克力品牌之一，被誉为意大利国宝级巧克力。意大利佩鲁贾是芭喜巧克力的生产地。"Baci"是意大利语"吻"（bacio）这个词的复数形式。

Pates echaudes Gateaux

darioles   tartelettes

gateau   poupelin

tarte

de Sanglier

LA

PÂTI

Citron   Cerise   Verjus   Citron

Conf.   tures

biscuit
Glassee

EICOR

Boeuf a la royale   biscuit   macaron

尼古拉·德·拉默森《女糕饼师傅》,雕刻版画,17 世纪末,法国国家图书馆系在一起。在历史学家让-路易·弗朗德兰的眼中，糖不就是"甜美的具象化身"吗？许多欧洲国家的语言也证实了这一点，比如德语中的"Süßigkeiten"、英语中的"sweets"、西班牙语中的"dulces"、法语中的"douceurs"、意大利语中的"dolciumi"、葡萄牙语中的"doces"都指的是各色糖果。至于白色，这种颜色不仅表示精制糖的纯净，也意味着女性气质中的纯洁。准备甜点是家中女主人的特权。奥利维耶·德·塞尔[1]在《农业剧场》（1600年）中描写了一位称职的家庭主妇，她"兴高采烈又倍感荣幸地接待突然造访的父母和朋友，在桌上摆上早已制作好的各色果酱，其味道和卖相毫不逊色于大城市里出售的那些昂贵的果酱。虽然在乡下没有糖果甜食商，她只能靠女仆帮忙自己准备"。法国大主教费奈隆在谈到女性义务时，强调要管理好仆人就必须先弄清楚他们各自的任务，使其各司其职；他在《论女子的教育》第十二章中只举了一个例子来说明这一点，那就是甜品环节的"上水果"。

西班牙的黄金年代期间，在贵族群体中，食谱是由女性传承的，为女性准备的食谱以甜点制作为主，比如著名的牛轧糖（turrón）、木瓜饼（carne de membrillo）、千层酥（hojaldres）、面包圈（rosquillas），以及圆锥形的蜂巢鸡蛋卷（suplicaciones），类似法国的蛋卷（oublies）和乐趣饼（plaisirs）；在英国也一样。杰维斯·马卡姆在《英国家庭主妇》

---

[1] 奥利维耶·德·塞尔（Olivier de Serres，1539—1619），法国农学家、作家。

中提到，一个不谙宴客之道的女人"只是半个称职的家庭主妇"。宴客之道包括摆放各色水果、甜点、木瓜饼、辛香蜂蜜面包、杏仁饼、蜂巢饼、果冻，配上果酱、熟梨、烤蛋白酥，以及各种蛋糕，比如葡萄干千层酥，再搭配上希波克拉斯甜酒，让上流社会的绅士淑女们吃得开心，喝得尽兴。一个半世纪之后，英国人喜好甜食已经非常普遍了。汉娜·格拉斯[1]在《甜食达人》（约1760年）一书中强调，精心准备糖果、摆放甜点是"一种多么愉悦的消遣"。制作甜点除了能带来愉悦，还给家庭主妇提供了一个展示自己心灵手巧的机会。主妇们利用糖雕、瓷雕、彩色果冻雕，制作出外形精美的甜品。作为一种女性化食物，甜点应该是富有装饰性的；而格里莫·德·拉雷尼埃尔则用不屑一顾的语气说，这些都不过是"雕虫小技"。

女性缺乏品鉴美食的能力

女性与甜食、甜品和甜点世界的这种紧密且由来已久的文化联系，很明显地揭示了男性在餐饮乐趣方面留给女性的角色。换言之，女性具有真正的美食鉴赏能力吗？女性可以成为精深的美食家或葡萄酒专家吗？女性是否天生就缺乏品味美食的能力？对于这些问题，19世纪至20世纪的法国美食论著回答得毫不含糊。从格里莫

[1] 汉娜·格拉斯（Hannah Glasse，1708—1770），英国烹饪作家。

和布里亚-萨瓦兰的美食奠基之作开始，女性就被局限在甜食这一个领域，他们否认女性拥有任何品鉴高级美食的能力，甚至宣称她们只是像孩子一样喜欢糖果和甜点！格里莫指出，甜点的设计和摆盘尤其能取悦"孩子和美女，在这一点上，女人和孩子一样幼稚"。

女人和孩子天生嗜甜，因此对甜食情有独钟。这种喜好无师自通，非常契合那些因有瑕疵或未发展健全而被视为弱小和不成熟的人。1804年巴黎上演的独幕轻喜剧《老饕学堂》宣扬的还是这种逻辑。如果说剧中的古尔芒丹[1]先生是个美食爱好者，致力于将自己的美食经传授给他的教子，那么他的妹妹卡拉梅尔[2]夫人对此可以说是一窍不通。在他眼中，妹妹"向来喜欢甜食"，这种"喜欢是天性使然"。

社交生活记者内斯托尔·胡克普兰在《巴黎精神》（1869年）中定义一场城市晚宴时，明确指出："如果是场美食聚会，那它就会变为一个严肃的聚会，一场严峻的考验。如果询问美食饕客、品酒行家和餐桌雅士的意见，那么他们会一致认为：那得把女人排除在外。"因为女性会让男性在品尝美食时分心。这也是尚蒂永-普莱西（Chatillon-Plessis）在《19世纪末的美食生活》（1894年）里提到的理由："纯男性的聚餐更有利于思考、品鉴美食，有迷人女子作陪简直就是场灾难，因为礼节要求男士必须给予女士十足

---

[1] 古尔芒丹（Gourmandin）这个名字取自"老饕"（gourmand）。
[2] 卡拉梅尔（Caramel）这个词也有"焦糖"的意思。

的关注。"

对格里莫和布里亚-萨瓦兰来说，允许女性同席，也不过是为了欣赏她们的美，看她们那细嫩白皙的手优雅地用叉子把小小的一块肉放进红润的嘴唇里，而绝不是为了听她们对那道菜或那款酒的评价。格里莫出版的《美食家与美人报》已经把两性割裂开来。后来它改名为《法国享乐者，或摩登酒吧的晚餐》，言下之意再明白不过了："我们时刻都欢迎美女，为她们写一些歌曲，但是要跟我们的盛筵扯上关系，那是不可能的。因此，《美食家与美人报》这个名字就不太适合这本杂志，于是我们采用了另一个更适合我们这个团体的名称。"

19世纪的法国小说中，美食家显然都是男性。当美食爱好者巴什拉邀请迪韦里耶到著名的英式咖啡馆时，他还邀请了特鲁布罗和格兰，几个男人"而不是女人，因为女人根本不会吃：她们吃松露简直是暴殄天物，看她们的样子就让人消化不良"（左拉，《家常琐事》，1882年）。那些有幸被多丹-布方邀请的宾客也都是男性，且都是单身汉，就像意大利导演马尔科·费雷里[1]于1973年拍摄的电影《极乐大餐》中那样，菲利普法官不屑邀请女人，生怕她们破坏了四个朋友之间的"美食研讨会"。

在17世纪的词典里，"friand"（贪食者）和"gourmet"（美

---

[1] 马尔科·费雷里（Marco Ferreri, 1928—1997），意大利电影导演、编剧、演员，曾荣获1991年柏林国际电影节"金熊奖"。

食家）这两个词曾有过阴性形式[1]，然而，19世纪的"gourmet"和新近出现的"œnologiste/œnologue"（葡萄酒工艺学家/品酒家）均为阳性名词。至于"gastronome"（美食家）一词，皮埃尔·拉鲁斯的《通用大词典》虽未指明其词性，但所举的两个例子都只提到男性："巴黎最早的美食家之一[2]"和"我们的儿子都是沉闷的美食家，只喝酒，不唱歌"。高级餐厅效仿宫廷那一套礼仪，只会导致女性被隔离在美食圣殿之外。国王的生活起居由男性侍从负责，故而高级餐厅的员工也不可能是女性：餐厅领班（maître d'hôtel）、侍酒师（sommelier）、侍应领班（chef de rang）、厨师长（maître-queux），这些职业名称在法语里都只有阳性形式。当女性好不容易跻身星级厨师的行列，对她们的称呼不过是意味深长的"大娘"（厨娘）。长期以来，这种创造性活动都只属于男性。美食要靠男性撰写的饮食论著才能抬高身价。直到1795年，法国才首次出现由女性撰写的烹饪书籍，并且内容只是一些关于土豆的食谱！而在芒什海峡彼岸的英国，情况恰恰相反。从17世纪起，女性就一直在撰写和出版此类作品，但在那里，烹饪并未成为一门艺术。

....

[1] 即 friande 和 gourmette，指女性贪食者和美食家，这两个词在现代法语中已不再使用。
[2] 法语为 un des premiers gastronomes de Paris，这里 un 为 "一"的阳性形式。

嗜食巧克力，淫荡的女人与贪食的阴影

风流男子会利用女性嗜甜的偏好来为自己制造艳遇。诱惑的艺术也融合了食物的魅力，诗人争先恐后地使用"爱人蜜糖般甜蜜的吻"之类的比喻。"鼻子转向甜食"在17世纪用来形容热衷于风流韵事的女性，"俗话说一个女人'鼻子转向甜食'是指她浑身散发出恋爱的气息和神采"（菲勒蒂埃，1690年）。实际上在科特格雷夫[1]的《法英词典》（1611年）中就已经有这个表达了，同样也专门用来形容女性。如果说蓬塔斯在他的《决疑论辞典》（1715年）中提到少女泰奥德兰德嗜吃水果和果酱，那很有可能是为了强调这个年轻姑娘天性风流，因为当时人们认为糖和淫乱有千丝万缕的联系；另一方面他也可能是在影射情人们常会送她一篮水果以传递情意。在十五六岁这个危险的年纪，也常常是年轻女孩的贞操备受威胁之时。这位年轻的小姐对于糖果和果酱超乎寻常的热爱虽然称不上罪孽深重，不过她很有可能因此受到诱惑，犯下更严重的罪恶，乃至无法弥补地失去贞操。当古农斯基[2]开始写《餐桌与爱情》（1950年）时，这位"美食王子"老调重弹："我们观察到，所有真正沉浸在爱情中的女性都很贪吃，因此千万别向一位不贪吃的美人献殷勤，否则你会犯心理上乃至生理上的错。"仿佛女性的贪馋

---

[1] 兰德尔·科特格雷夫（Randle Cotgrave，？—1634），词典编纂家。
[2] 古农斯基（Curnonsky, 1872—1956），原名莫里斯·埃德蒙·萨尔兰德，20世纪法国著名美食作家，有"美食王子"之誉。

总也不能完全摆脱性爱方面的影射，要么暗示她天性风流，要么是对缺乏性生活的一种补偿。

中世纪时期，女性享受美食的乐趣被怀疑是其肚腹的贪欲，而这种质疑依然一直笼罩在女性身上。此外，女性在怀孕时，不是更难以控制对饮食的欲望吗？这种欲望如果得不到满足，那就极有可能会在出生的婴儿身上以胎记的形式呈现出来；直至今日，人们还习惯性地把胎记——这种先天性的皮肤异常——称为"envie"[1]或"tache de vin"[2]。著名的外科医生安布鲁瓦兹·帕雷（Ambroise Paré）不也提起过有些胎记形状或像葡萄，或像樱桃，或像无花果，或像甜瓜吗？而胎记的颜色同样也表明了是哪种欲望没有得到满足：除了葡萄酒，在18世纪又多了咖啡和巧克力！如果说，直到19世纪，大众认知都把婴儿的胎记和母亲妊娠期间未得到满足的口腹之欲联系起来，那么医学界对此则持怀疑态度。在17、18世纪，医生们认为这是民间的谬论，而且其实是女性为解其嘴馋又不受责罚而想出来的诡计。由此可见，女性的贪馋仍被视作肉体的放纵，而婴儿的胎记则被视为母亲不理智冲动的标志。

17世纪上半叶，墨西哥恰帕斯州上流社会的克里奥尔贵妇和她们的主教发生过一次争执，起因是主教以逐出教会的惩罚为要挟，禁止贵妇人们在弥撒期间喝巧克力热饮。这些妇人两相权衡之下，更倾向于不去教堂，转而到其他更宽松的宗教场所里去做日课。主

----

[1] "envie"一词在法语里同时有"欲望"和"胎痣"之意。
[2] "tache de vin"直译为酒渍、酒斑，在法语里指痣或血管痣。

教要求她们必须在教堂里做弥撒，结果这些妇人宁愿待在家里。但很快主教就一命呜呼了，他会不会是被人毒死的？托马斯·加吉[1]在《西印度群岛的新关系》中讲述的德育故事也为女性与巧克力之间的怪诞传闻添油加醋。

从西班牙最早的文献记载来看，巧克力是一种有催情功效的饮料。根据贝尔纳·迪亚斯·德尔·卡斯蒂洛（Bernard Díaz del Castillo）的《征服新西班牙的真实历史》，阿兹特克国王蒙特祖马不就是在与女人行鱼水之欢前先喝一杯巧克力的吗？耶稣会神父约瑟夫·德·阿科斯塔（Joseph de Acosta）在《印度群岛的风土人情》（1590年）中明确写道："黑巧克力让入乡随俗的西班牙女人为之痴狂。"

巧克力这种令人意乱情迷的名声很快就传到了大西洋彼岸，在很长一段时间里，欧洲人的想象将巧克力与淫乱、闲散和无所事事联系在一起，把它视作万恶之母。在英国，诗人詹姆斯·沃兹沃斯[2]的一首四行诗提到巧克力燃起了老妇人的情欲：

> 一吃巧克力，老太太
> 顿时精神抖擞，重焕青春；
> 看她们的肌肤因复苏的活力而战栗，

---

[1] 托马斯·加吉（Thomas Gage，1719/1720—1787），英国陆军将军，在美国独立战争初期担任北美英军总司令。
[2] 詹姆斯·沃兹沃斯（James Wadsworth，1604—1656），学者、诗人，出生于英国，后在西班牙、法国等地生活。

您能想象内心那熊熊燃烧的欲火。

许多版画都表露了畅饮巧克力与纵情声色之间的关联。比如，法国版画家罗贝尔·博纳尔创作的《喝巧克力的骑士和贵妇》（17世纪末）配有一首露骨的四行诗："年轻的骑士和美丽的贵妇/享用着美味的巧克力/但看到他们眼中炽热的火花/不禁让人以为他们需要一道更精美的佳肴。"再比如，一幅1725年的德国版画，生动地刻画了一对情侣，男人正准备喝下一杯情妇刚刚给他的可可，配了一行文字说明："巧克力，好喝可口，卓有成效。"最后到威尼斯，在剧作家卡尔洛·戈尔多尼[1]创作的《咖啡厅》（1750年）中，年轻的浪荡子尤金尼奥向美丽的丽莎乌拉——他把她当成了欢场女子——提议一起喝巧克力时，话里的性暗示是显而易见的（第一幕，第七场）：

> 尤金尼奥：您应该有上好的巧克力吧。
>
> 丽莎乌拉：说实话，它简直好极了。
>
> 尤金尼奥：您知道怎么准备吗？
>
> 丽莎乌拉：我的女仆会尽力的。
>
> 尤金尼奥：您愿意让我来亲自动手打一点泡沫出来吗？
>
> 丽莎乌拉：不劳烦您了。

---

[1] 卡尔洛·戈尔多尼（Carlo Goldoni, 1707—1793），意大利剧作家，其剧作歌颂了中下层人民的勤劳机智，讽刺了贵族阶级的愚蠢和傲慢。

罗贝尔·博纳尔,《喝巧克力的骑士和贵妇》,版画,17世纪末,法国国家图书馆

彼得洛·隆奇,《清晨的巧克力》,约 1770 年,威尼斯 18 世纪博物馆

尤金尼奥：如果您愿意，我想和您一起喝。

丽莎乌拉：我的巧克力对您而言不够好吧，先生。

尤金尼奥：我不挑剔，来吧，开开门，让我们一起消磨片刻时光。

旧制度下的最后两个世纪，无论是在哪里，西方人的想象都把巧克力与性爱、贪食、色欲挂上了钩。"像海番鸭一样冷"，委婉含蓄的路易十五这样形容蓬巴杜夫人，而后者试图用喝无数杯巧克力来治疗自己的性冷淡。至于钟爱喝巧克力的科特洛贡侯爵夫人，据说她在1671年生下了一个黑皮肤男婴。历史学家尼基塔·哈维奇（Nikita Harwich）补充说，的确，每天早上给她端来这种异国风味饮品的正是一名非洲男仆！

耽于食欲，耽于色欲

巧克力不是唯一一种被认为是刺激性欲的食物。芦笋和朝鲜蓟让人联想到男性性器，牡蛎和无花果则让人联想到女性性器，这些食物在西方文化中具有强烈的性隐喻。在1638年左右，亚伯拉罕·博斯[1]创作的五大感官系列中以朝鲜蓟和酒杯来象征味觉，其中的情色意味通过男女主人公之间会心的眼神交换得以强化，与此

---

[1] 亚伯拉罕·博斯（Abraham Bosse，1604—1676），法国画家，擅长版画、水彩画。

同时，女主人公把手微微伸向朝鲜蓟的头部。就像16世纪至17世纪许多展示五大感官的作品所展现的那样，食欲和色欲是紧密联系在一起的。口腹之乐可以是性爱之乐的隐喻，也可以是男欢女爱的前奏。

不管是从本义还是引申义来看，有教养的年轻女孩都不会吃芦笋，也不会吃朝鲜蓟：

> 唉！羊仔啊（这是妻子对丈夫的昵称，而丈夫也称呼妻子为小羊妞），真是世风日下啊；当我们还是女孩时，被教导要谨言慎行，即便是最大胆的女孩也不敢抬眼看男生……如果我们当中有女孩吃了芦笋或朝鲜蓟，就会被别人指指点点；但是现在的女孩几乎和宫廷的年轻侍从一样莽撞放肆。
>
> ——菲勒蒂埃，《布尔乔亚小说》，1666年

不孕不育的妇女被建议多吃野蓟，"去找野蓟"和"拔野蓟"在17世纪的用语中暗指性行为，这种用法尤其体现在夏尔·索雷尔[1]的《弗朗西翁的滑稽故事》一书中。此外药剂师们也会卖蜜渍朝鲜蓟的茎，为的是"开枝散叶"。

静物画以及风俗画中出现的开壳牡蛎同样也含有对性的暗示，因为软体动物通常被认为是刺激性欲之物。在扬·斯特恩[2]的《吃

---

[1] 夏尔·索雷尔（Charles Sorel，？—1674），17世纪法国小说家、作家。
[2] 扬·斯特恩（Jan Steen，1626—1679），17世纪荷兰风俗画家。

牡蛎的年轻女孩》这幅画中，女孩放肆地直视观众。她脸上贪馋的微笑和已经被撬开、等着被吃掉的牡蛎直截了当地暗示了其他乐趣。食物和性的类比在欧洲绘画里屡见不鲜，博洛尼亚画家巴尔托洛梅奥·帕萨罗蒂[1]的画作《卖家禽的女商贩》（约1580年）就是另一个典型例子。一位年老的女商贩手中抓着一只公鸡，而公鸡一向被视为性欲旺盛的动物；一名年轻女子抱着一只被拔光了毛就要下锅的火鸡，而火鸡可是上乘的禽肉。不仅因为火鸡的皮肉和年轻女子的肌肤相似，更因为这位年轻女子坐在近景，穿着袒胸露肩的衣服，右腿下半部分若隐若现，像是在挑逗上门的顾客，而老女人则因此形同鸨母。这幅画仿佛在引诱人去"品尝"火鸡和年轻女子。至于在17世纪至18世纪爱情画中经常出现的玻璃杯和瓶子，有时明显画得东倒西歪，似乎在向好色之徒暗示葡萄酒能让女人卸下防备。

中世纪的韵文故事中也会写到这个主题，比如三位科隆的修女一边在温泉浴室大吃大喝，一边听行吟诗人唱着淫词艳曲。在中世纪末的道德家和传教士眼里，一个充斥着淫乱气息、弥漫着酒肉香味的堕落可耻之地就是蒸汽浴室。一些细密画直截了当地画出男女赤身裸体混躺在浴池中，上面还架着餐桌，水池边还摆着几张舒适的卧榻。的确，这些浴池是可以男女混用的，有些浴池甚至是公开卖淫的场所，在池中或岸边备有美酒佳肴，供人休憩的卧榻就在近

---

[1] 巴尔托洛梅奥·帕萨罗蒂（Bartolomeo Passerotti，1529—1592），意大利画家，拥有自己的工作室，他的三个儿子也都是画家。

牡蛎和白葡萄酒,邀约尽享其他感官之乐? 荷兰画派(画家不详),《牡蛎与酒杯静物画》,1660 年,德国什未林国家博物馆

旁……由于受到道德家的猛烈抨击，加上人们害怕会造成流行病的蔓延，这些公共浴池在15、16世纪纷纷关门歇业，但对它们的情色想象并没有因此而终止。

秀色可餐的女人

食物在情色故事和小说中的戏份很重，这源于性诱惑和美食之乐之间几乎一以贯之的紧密联系。晚餐、点心、甜食成了激发其他感官乐趣的前戏。人有威望，其言自重。卡萨诺瓦在《回忆录》的开篇就点出了美食之乐和性爱之乐两者密不可分的关系：

> 陶冶感官之乐一直是我生活的重心，而我也从来没有过比它更重要的事情要做。我感觉自己就是为女人而生的，我一直深爱她们，而且尽量让她们也爱上自己。我对美食也充满激情……我热爱上好的佳肴美馔：那不勒斯大厨亲手制作的通心粉馅饼、西班牙什锦炖菜、浓稠的纽芬兰鳕鱼、蘸着秘制调味酱的野味，当奶酪里的小生物变得肉眼可见，那时的口味就至臻完美了。至于女人，在我钟爱的女人身上我总能闻到甜美芬芳的味道。

萨德侯爵在《新茱丝蒂娜》（1799年）中的见解也毫不逊色："欢爱过后……没有什么能比美食更令人销魂的了……因为感官享

乐兴致正旺，同样也会刺激食欲快感！哦！我承认……纵欲就是我膜拜的神，我将它高高供奉在神庙中，就在美神维纳斯的身旁；而只有同时在这两尊偶像脚底下我才能找到幸福。"也就在这本小说中，克莱维尔女士甚至把她的情人们吃掉，让性爱和美食之乐融为一体，达到极致！

描绘饮食行业的版画配的四行诗在食物与性的暧昧关系上大做文章，让一些纯真无邪的画面也有了情色的暗示。正如法国版画家博纳尔的作品《糕点师》中配的诗句一样："我是太太们的糕点师/我为她们制作百种美味/深得太太们的芳心/因此她们给我起了绰号'入味哥'。"还有《奶酪小贩》中的配诗："我卖牛奶、奶酪和奶油/给巴黎的美女/让她们拿给心上人大快朵颐/反之，爱人同样也会哄她们开心。"

人类学家克洛德·列维-斯特劳斯指出："在全世界，人类思想都不约而同地把交欢和进食这两种行为进行深度类比，以至于很多语言都用同一词语来指代这两种行为。"（《野性的思维》，1962年）欧洲语言也不例外，同样利用食物的隐喻来表达性欲。虽然"friand"这个词原本用于形容菜肴的美味可口，但该词还可以用来形容美丽的女人，"这个女人很美，秀色可餐"，菲勒蒂埃在《通用大词典》中毫不脸红地认可了这一用法。由此我们可以发现那个时期的欧洲文学充斥着这类名副其实的刻板印象。现在再来一同看看出自意大利短篇小说家安东·弗朗西斯科·多尼[1]的文集《大理石》中的一篇《淑女的故事》：

> 城里来了一个气色红润、娇小可爱的女人，新婚才几个月，像是一小块新腌好的猪肉，我可以向你们保证，入口即化。这种情况和"难嚼的肉让男人更彪悍"不同，因为这块肉熟得恰到好处，正好可以饱餐一顿。这个女人让我胃口大开，甚至不需要配料，也不需要圣贝尔纳的酱汁，我就能把肚子吃撑。

至于梅尔·科尔蒙，巴尔扎克是这样描写她的："使美食家的餐刀蠢蠢欲动的肥美山鹬。"（《老姑娘》，1837年）而左拉笔下的娜娜则像是"每一面都煮熟了的热鹌鹑"。如果女人成了菜肴，那么巴尔扎克将毫不犹豫地使用一连串隐喻，把好色之徒的心思变成餐厅的菜单。而美食家多丹-布方则会把导师格里莫·德·拉雷尼埃尔的画像和香艳的版画挂在他餐厅的墙上。在意大利导演马尔科·费雷里的镜头下，身材丰腴、擅长交际的小学女教师安德丽娅成了美食享乐中对性的隐喻化身，以至于该影片[2]在1973年的戛纳电影节上引起轩然大波。直到现在，人们还会用"垂涎欲滴""让人想

---

[1] 安东·弗朗西斯科·多尼（Anton Francesco Doni, 1513—1574），意大利作家、出版家、翻译家。
[2] 指的是影片《极乐大餐》。

咬上一口"来形容女人，而新婚之夜可以让"生米煮成熟饭"[1]。

正经女人的克己自持

饮食行为被色情化必然导致正经女人在享受美食时，至少在公共场合会有所节制，这种情况在19世纪资产阶级社会中尤为常见。少喝甚至不喝酒可以守住女人的贞操，女人不能喝太多，特别是在公共场合。克里斯蒂娜·德·皮桑[2]在为女性写的教育论著《三美德书》（1405年）中，就已经建议皇后和宫廷中的贵妇们饮酒要适量。意大利15世纪的绘画也有通过描绘女人把水倒入酒中的场景来体现节制饮食这个主题。

克制食欲和适当饮食也是弗朗切斯科·达·巴尔贝里诺[3]在《论贤妻良母的品德与操守》中给佛罗伦萨女性的忠告的核心内容。从小到老，餐桌上的言行举止都可体现女性的品德，因此女性更应该注意她的举手投足、食物分量和本性（巴尔贝里诺建议少女不要吃会使人兴奋的酒菜），还有身边和她一起用餐之人。

中世纪末这些约束女性的行为准则主要由男性制定：不要吃太多，不要喝太多，不要在餐桌上八卦闲聊。"姑娘啊，在筵席上，

---

[1] 原文用的是"consommer le mariage"，"consommer"有消费、食用、完成的意思，这里指完婚、圆房的意思。
[2] 克里斯蒂娜·德·皮桑（Christine de Pizan，1364—1430），欧洲中世纪著名的女性作家，代表作《妇女城》。她争取女性受教育的权利，被当代人视作女性主义的先锋。
[3] 弗朗切斯科·达·巴尔贝里诺（Francesco da Barberino，1264—1348），意大利诗人。

你要吃得优雅，和人说话时要娇羞，别絮絮叨叨。"（《待嫁女子的教义》，15世纪）在婚礼酒席上，新娘应该表现得矜持、饮食有度，以公开表明她将会是位端庄稳重的好妻子，不会过度享受美食与男女之欢。和她周围那些大肆吃喝玩乐的男性宾客不同，新娘子在宴席上要节制饮食，双目低垂，双手交叠，就像14、15世纪的袖珍画和16世纪的佛兰德画派的画作中经常出现的画面一样。不过这一场景甚至也可以被戏仿和颠覆，尤其是在佛兰德地区。画中放浪形骸的新娘子甩开膀子，贪婪地伸手去抓食物。

《啊！小白葡萄酒》，一种低俗的市井贪馋文化

宴客们又齐声唱起让·德勒雅克（Jean Drejac）和夏尔·伯雷尔-克莱尔（Charles Borel-Clerc）创作的《啊！小白葡萄酒》（1943年）中那段出名的副歌，歌词把诺让一带宴会上的小白葡萄酒和棚架花影下的姑娘们凑在一起，强调了在正经的美食筵宴之外，低俗市井的饕餮之宴必须有美女在场才尽兴。因为一再灌输给孩子的言行举止规范都强调不可以在用餐时唱歌，因此这对大人而言是一种粗俗的乐趣，尤其是那些最常唱的祝酒歌，它们的副歌多少带有些轻佻艳俗的意味。为了低俗之乐，贪馋就必然与精英阶层文雅的言行举止保持一定的距离，要有意打破一些有异性在场时必须遵守的用餐礼仪和规矩。它追求一种逾矩，甚至是犯戒带来的快感。比如：用面包蘸酱汁、直接上手抓食物、吮手指、舔嘴、啃骨

头、放声大笑、高声喧哗、嚷嚷一些淫言秽语……

在近代上流社会的男人身上这种现象已屡见不鲜，他们去露天歌舞咖啡馆和下等小酒馆堕落寻欢。19世纪不少法国小说都描绘了乡间郊游的幸福时光，不仅可以在水边休闲消遣，就着清爽好喝的葡萄酒吃点小食，男男女女还能相互打趣撩拨，成就几段露水情缘。"我很喜欢巴黎的郊区，对那里的油炸小鱼记忆犹新，那是我一生中吃到过最好吃的。"莫泊桑在《漂亮朋友》中这样写道。低俗市井的贪馋文化通过一些备受大众喜爱的菜肴得以蓬勃发展，这些菜品与高级美食有着天壤之别，比如蔬菜牛肉浓汤、白葡萄酒烩肉、红酒炖鳗鱼、烩鸡块、塞纳河畔或马恩河畔的油炸钩鱼……"以前像洋葱回锅牛肉片、肠包肚[1]和水手鱼[2]这类美味佳肴都算是下等人吃的菜。"《世界报》的美食评论家拉雷尼埃尔（真名德·库尔蒂纳）于1988年如是说。19世纪初，格里莫·德·拉雷尼埃尔就已经推荐读者去平民餐馆品尝地道的烩鸡块和水手鱼，这样才能真正大快朵颐。

在法国北部、荷兰、比利时等地，自19世纪末以来，圆锥形纸袋装的油腻的炸薯条就扮演着市井街头美食的角色。和布尔乔亚的文雅举止相去甚远，炸薯条被放在圆锥形的纸袋里，可以在街上直接用手拿着吃，不用刀叉或盘子，也不用担心弄得满手油污。正如

---

[1] 肠包肚（andouillette）是里昂的特色美食，也是十分重口味的料理，是一种用猪肠、猪肚等食材制作的猪下水香肠：将猪大肠、猪肚和其他猪内脏剁碎，搭配上各种香料，最后一起塞进肠衣里，这道"肠包肚"便制作完成了。
[2] 水手鱼（matelote）是加酒和洋葱炖的鱼（也可以是炖肉，但以炖鱼为主）。

L.安托斯（L. Anthos）和W.-J.帕安斯（W.-J. Paans）在1906年编写的歌曲《炸薯条》中唱的那样，在世界上，只有恋人才会分享一包薯条：

> 总之，这是一包薯条/男朋友的可爱礼物/又好吃又有情调/当我们在餐馆前起舞……来吧苏松快下来/你听见炸薯条的声音了吗？/没有骨头，也没有果核/像一个吻，要趁热享受。

副歌继续推波助澜：

莱昂纳托·卡佩罗[1]，《美味牡蛎》，彩色广告海报，1901 年

....

[1] 莱昂纳托·卡佩罗（Leonetto Capiello，1875—1942），法国海报艺术家、插画家，由于其在海报设计上的重大创新而被称作"现代广告之父"。

这包迷人的薯条是我们的/手指轮流伸向里边/快乐和薯条万岁/生活和你的爱万岁。

1950年，《一包薯条》，这首由弗朗西斯·勒马尔克（Francis Lemarque）和鲍勃·阿斯托尔（Bob Astor）创作的歌曲，由伊夫·蒙特（Yves Montant）演唱，再现了市井百姓郎情妾意、眉来眼去的诱惑主题：

这就是，恋人们/如何用一点阳光/为他们两个/收获幸福/一包薯条/当天气又晴好/挽着手儿，一起散步/沿着塞纳河，边走边吃/一包薯条/当我们吃完/返回去再买一包/然后快点快点回家，相亲又相爱。

那些摆在集市、嘉年华、主保圣人节、游园会[1]、滨海林荫道或是足球场附近的薯条摊总是普罗大众最青睐的消遣之地。人们乘着舞会喧闹声收获轻松一刻、品味爱情，这更衬托了薯条粗俗但欢乐的意象："香喷喷的薯条/让柔弱的人陶醉/手风琴拉出的爪哇小调/无不让人意乱情迷。"[2]和小白葡萄酒一起，不仅在诺让，在马恩河畔，在20世纪上半叶巴黎城郊的露天咖啡馆里，同样随处可以

---

[1] 游园会（Kermesses），原指比利时、荷兰、法国北方地区乡村民间的宗教节日主保瞻礼节，后来用以表示民间游乐会、慈善义卖游乐会等。
[2] 出自卡米耶·弗朗索瓦（Camille François）和加斯东·克拉雷（Gaston Claret）于1935年创作的歌曲《露天咖啡馆》。

看到炸薯条的身影。"凉快的露天咖啡馆/有许多前凸后翘的姑娘/薯条已经炸好/还备好了白葡萄酒。"(《茹安维尔勒蓬》，1952年）又如L.多梅尔（L. Dommel）与L.丹尼戴夫（L. Daniderff）于1935年创作的歌曲《在那有薯条的地方》中唱的那样："圣克鲁的一角……在那有薯条的地方，跟着乐队嘭、嘭的节奏！"

　　除了上述关于薯条活泼轻佻的印象外，20世纪下半叶出现了以打破健康饮食禁忌为乐的现象，如故意食用那些被当时医学界大力抨击的食物。托马斯·迪特隆（Thomas Dutronc）在2007年发行的歌曲《该死的薯条》中唱道："打倒四季豆/酸菜炖肉万岁/大肉块和油腻的炸土豆……去他妈的健康饮食！"就算人们清楚地知道某些食物由于太甜、太油、太多奶油、太多卡路里、太落伍等原因而被公认为"不利于健康的食物"，但人们仍毫无罪恶感地大吃特吃，这样的行为在今天体现了低俗的贪食文化的新趋势。

第七章

童年的味道，被幼稚化的贪馋

和你聊一聊／我小时候的事／那些神奇的糖果／是我们从商店里顺出来的／有五彩糖豆和薄荷糖／一法郎一把的焦糖／还有米斯托拉糖……

　　尤其想告诉你／当年的卡龙棒／可可波爱甘草糖／和把我们的嘴唇划破／把牙齿蛀光的／正宗的胡嘟嘟糖／还有米斯托拉糖。

——雷诺,《米斯托拉糖》[1],1985 年

[1] 这是一首写给童年的歌,写于 1985 年,是雷诺的经典代表歌曲,曲名来自一种已经停产的法国糖果。这种糖呈粉末状,小袋包装,孩子们通过一根塑料小管吸食。因为吸到口中清凉如同吸入了冷风一样,因此人们以一种法国南部及地中海特有的凛冽季风——米斯托拉季风为它命名。吸食糖粉前,小伙伴们会以寻找包装内部的中奖标记为乐,如果标注着"GAGNE",就可以凭此去小铺再免费领取一袋米斯托拉糖。如今在市场上早已找不到米斯托拉糖,但对于歌手雷诺而言,它是无法忘却的童年记忆。歌词中的"你"指的就是雷诺的女儿,当时年仅五岁的洛丽塔。

亨利·儒勒·若弗鲁瓦,《带着一袋糖果的儿童》,19 世纪,伦敦苏富比拍卖行

　　因为贪吃，小苏菲每次都立马付出了代价，她被大人训斥、惩罚、鞭打，还经常当众受辱。更不幸的是，这位小女主人公不能指望虔诚而严厉的塞居尔伯爵夫人会对她有一丝宽容，因为孩童的贪馋被认为是可耻的罪过。她把女仆好心端来的热乎乎的面包和诱人的香浓鲜奶油吃到撑，结果却因消化不良而被迫卧床休息。她很想吃黑面包，千方百计想偷走原本要喂小马的干硬黑面包，结果被马儿咬破手，血流不止。她为了吃红通通的美味可口的野莓而逗留在树林里，险些被狼吃掉……尽管母亲早就警告过她，正餐之间不宜进食，不该在树林里流连忘返，但是小苏菲不仅贪吃还不听话。在她的各种悲惨遭遇说到一半的时候，一个来自巴黎的包裹寄到了她居住的城堡里，里面装着一盒糖果。小姑娘虽然早就馋得直流口水，却也只好耐着性子等待。晚餐结束时，德·雷昂夫人终于决定拆开包裹。小姑娘期待已久的盒子里装着做成各种蜜饯的梨、李子、核桃、杏子、香水柠檬和当归等。但新的折磨又来了，苏菲只能品尝其中的两个。她选择了梨子和杏子这两个最大的蜜饯，而懂事的保罗则选择了一个李子蜜饯和一小块当归蜜饯。这个宝贝盒子又被盖上了，存放在德·雷昂夫人的卧室里，而小女孩则懊恼没能品尝到所有蜜饯，尤其是她表哥选择的那两个。趁妈妈不在，她偷偷溜进房间，爬上扶手椅，拿到盒子，盯着这些美味的水果蜜饯看了一会儿，然后吃吃这个咬咬那个，几乎把所有蜜饯都吃了个遍，这才把盒子放回原来的地方。夜里，她被一个十分奇怪的梦所折磨。"你知道这个梦代表什么吗，苏菲？"第二天早

《苏菲的烦恼》插图，阿歇特出版社 1903 年版

上，妈妈问她，"这是上帝看到你不乖，所以通过这个梦告诉你，如果你继续做一些自己觉得开心的坏事，你将不会快乐，相反，你会感到悲伤。"这就是天主教教益类文学著作《苏菲的烦恼》[1]所揭示的贪吃的坏处。为了满足自己贪吃的欲望，小苏菲不就毫不犹豫地忤逆长辈、撒谎、偷窃吗？不仅如此，这个小女孩还嫉妒心重、任性且易怒。在"小松鼠"那章中，作者还将贪吃与动物性联系了起来。一只小松鼠被有杏仁和榛子的笼子吸引，进入了笼子。

------

[1] 《苏菲的烦恼》（1864 年）是塞居尔伯爵夫人为孩子们所写的"成长教养课本"，讲述了一个名叫苏菲的小女孩，怎样在母亲的悉心教导下，逐渐改掉缺点，从一个爱发脾气、爱撒谎的淘气包，成长为一名诚实懂礼、善良友爱的小淑女的故事。塞居尔伯爵夫人原名苏菲·罗斯托普金，是法国著名儿童文学作家，法国儿童文学的创始人。被誉为"孩子们的巴尔扎克""法兰西全体孩子的好祖母"。

"贪吃吧，我的朋友，贪吃吧；你将会知道贪吃的下场。"苏菲的小表哥——品行端正如天使一般的保罗预言道。除了这些道德教诲类的话语之外，塞居尔伯爵夫人还承认贪吃是孩童时代的特征。她将渴望甜食与缺乏亲情联系在一起。苏菲只是一个刚满四岁的孩子，在她这个年龄还极其需要关爱。苏菲这个角色是塞居尔伯爵夫人所刻画的角色中最具自传色彩的一个。她将自己渴望甜食的童年投射在她笔下的小女主人公身上。如果说贪吃是孩子天性使然的缺点，而成年人又总试图去管控它，那贪吃也是这些成年人的童年回忆。

贪馋，孩童与生俱来的缺点

小男孩直接坐在地上，舔着刚擦完汤碗的手指，对大人们的婚礼漠不关心（《农民的婚礼》，约1568年）；佛兰德画家小彼得·勃鲁盖尔仅通过一个侧影轮廓，便生动勾勒出童年时期的贪馋和手指即将放进果酱罐里的动作。从中世纪至今，贪馋都被认为是儿童与生俱来的缺点。即便教会把孩童看作是弱小者，但并没有把孩童与天真无邪想当然地画上等号。在圣奥古斯丁的《忏悔录》中，孩童的无数缺点中最严重的一项就是对食物的贪得无厌。宗教和西医的论述受古希腊古罗马文化和教会的影响，都将儿童视作不完美、不完善的人，认为孩童与动物很接近，可以解释"以食为天"的天性。童年、动物性和贪馋之间的联系是贺加斯于1742年创作的肖像画《格雷厄姆家的孩子们》的主题。画作的左下方，最年幼的孩子垂涎欲滴，试图去抓姐姐拎在手里的樱桃。这股贪食的冲动勾勒出一条对角线，连接到画作右上方的一个笼子，旁边有一只猫正直舔嘴巴盯着笼子里的鸟。让-雅克·卢梭在《忏悔录》中也坦承道："我小时候有儿童常见的缺点，聒噪，贪食，有时还会撒谎。"

教会严词谴责儿童的贪食。15世纪一位英国传教士认为贪食与懒惰有关，是一种生理和社会的疾病：

> 肥胖会造成身体不适，使人昏昏欲睡。因此好父母都不允许自己孩子游手好闲。为了不让他们有偷懒的机会，父母用各种课外活动和繁重的体力劳动填满孩子的日程。为了避免贪食，他们控制孩子的饮食。但是真正的问题在于：孩子之所以贪食和懒惰，是因为他们父母经常也是如此。

与中世纪的神学和道德文献一脉相承，16世纪的西班牙道德家也发表了类似言论，认为大量食物只能让孩子意志薄弱，长大后更容易耽于逸乐，因此有些人毫不犹豫地叮嘱千万别让小女孩吃得太饱。

在18世纪下半叶至19世纪之间，西方诞生了一种专门面向儿童创作的文学，是一些道德训诫色彩浓郁的小故事，故事的主人公和读者或听众的年龄相仿。这些小故事遵循相同的叙事模式。尽管父母用心良苦地规劝不该贪食，但贪吃的小孩子并不听，还是会偷吃并谎称没吃。但是他们的谎话很快就被发现，贪食者受到了消化不良的惨痛惩罚，可能还会被没收玩具、禁止外出、禁止跟小朋友玩耍，甚至被送往戒律森严的寄宿学校。这种文学让人产生罪恶感以达到教化的目的，羞愧的孩童认识到自己的错误，开始悔过自新。《安纳多尔或贪食》（利摩日，1866年）描写一个孩子在生理上和道德上都被纵容，狂吃饼干、果酱和糖果：

> "我亲爱的安纳多尔，"母亲对他说，"如果不是你非要吃有害健康的东西，那你现在就可以在花园里跟别的孩子一起玩耍，而不是躺在床上喝汤药疗养，你也就不用在上帝面前责怪自己犯下让基督儿童蒙羞的罪过了。"

"贪吃的习惯会导致说谎成性。"勒内·迪斯勒（René d'Isle）在他的《小贪吃鬼变成小偷》（利摩日，1854年）一书中这样劝诫他的小读者们。《贪馋》（鲁昂，1854年）一书让小读者明白贪馋是"万恶之母"。的确，书中讲述的是六岁的儒勒和七岁的昂丽耶特居然在洗礼仪式上偷了本应献给神父的一盒糖衣果仁的故事！贪吃的孩子嗜偷成性、谎话连篇、不听管教，也难免会自私自利。在《亨利和夏洛特或贪食的恶果》（鲁昂，1854年）一书中，亨利一拿到钱便跑到糕点店和糖果店里买甜点，就是为了满足口腹之欲；他的姐姐却将钱存起来用来在教区中做布施。德国的儿

《贪馋》, 19 世纪, 巴黎装饰艺术图书馆

童文学中也同样有这种惹人讨厌甚至冷酷无情的儿童形象并对其恶劣行径进行的批判。比如海因里希·霍夫曼（Heinrich Hoffmann）的《蓬头彼得》（法兰克福，1845年），这本书在德国大获好评并被翻译成欧洲其他语言出版，其中一本法译本名为《蓬头皮埃尔》（1860年）。安纳多尔、亨利、昂丽耶特、儒勒和彼得等人物形象，和塞居尔伯爵夫人笔下的小苏菲·德·雷昂不无相似之处。

Seht, ihr lieben Kinder, seht,
wie's dem Philipp weiter geht!
Oben steht es auf dem Bild.
Seht! Er schaukelt gar zu wild,
bis der Stuhl nach hinten fällt.
Da ist nichts mehr, was ihn hält.
Nach dem Tischtuch greift er, schreit.
Doch was hilft's? Zu gleicher Zeit
fallen Teller, Fleisch und Brot.
Vater ist in großer Not,
und die Mutter blicket stumm
auf dem ganzen Tisch herum.

《蓬头彼得》插图。"看啊！他摇晃得太厉害，椅子都往后倒了。"

钟爱白白胖胖的小孩

尽管道德家对此并不乐见，但在大众眼里，孩子的贪吃不仅是正常的，甚至还是让人安心的。胖乎乎、肉嘟嘟的孩子是母亲和奶妈的骄傲。自文艺复兴以来，他们以丘比特（赤身裸体的小爱神）的形象大量出现在西方绘画中，象征着丰衣足食、多子多福、繁荣昌盛。直到第二次世界大战后，圆滚滚、粉嘟嘟，有着一头金色鬈发仍是广告中孩童理想的健康体态。适当地露出孩子胖嘟嘟的身体，这样才能让人觉得孩子的家境殷实。在20世纪的经典摄影作品中，新生儿光溜溜地躺在被子上，其目的正在于此。由于直到19世纪，新生儿死亡率居高不下、饥荒的阴影仍然挥之不去，这种尽情展现生命力的令人安心的方式是被社会所期待和需要的。长得珠圆玉润自然被视作生命力和健康的象征，证明婴儿衣食无忧，什么都不缺，可以骄傲地抱出来给所有人看。

从中世纪到现代欧洲，新生儿想吃就吃，哺乳时间不固定，经常要求喝奶的婴儿让人看着就安心。直到18世纪末，医学上还是建议按需哺乳，原则上，婴儿想吃了就表明上一次喂的奶已经消化完了，但是医学上强烈谴责农妇对新生儿过度哺乳的恶习。

我不知道是基于何种邪恶荒唐的母爱，有人竟认为孩子最大的幸福就是多吃。人们认为，孩子吃得越多，就越强壮；但没有哪种偏见比这个对小孩造成的危害更大了。多吃的食物他们消化不了，反而会损害他们的胃，产生梗塞，让身体虚弱，并会引发持续性高烧，甚至最终导致孩子死亡。

很多人都注意到了这一点，其中瑞士医生萨穆埃尔·奥古斯特·蒂索[1]在他闻名遐迩的论著《给民众关于身体健康的忠告》（洛桑，1761年）中也指出了，此书在启蒙时期的欧洲获得了巨大的成功，并被翻译成七种语言。

相反，对于母亲和奶妈而言，孩子打嗝或呕吐是让人安心的征兆，证明孩子吃得好，因为吃得足够撑才会呕吐。正如18世纪的一句法国谚语所说："会吐的孩子长得好。"这体现了设法让婴儿吃饱喝足的重要性。人们从很早开始，在母乳喂养的同时还要喂糊糊，有时在出生几周后便开始这么做，以确保婴儿吃饱。在饥饿文化的环境中，害怕吃不饱的大众阶层，寻求能扛饿的食物果腹以维持身体机能。另一句法国谚语说："男人的面包和女人的奶水能养出健壮的孩子。"给孩子吃比较能扛饿的食物也是为了锻炼他们的胃。

这种饮食行为在社会弱势阶层中一直普遍存在。无论是20世纪还是21世纪初，社会学调查一致表明：在生活拮据的社会阶层中，做称职的父母就是在吃上面不亏待孩子，也就是说保证食物的分量，允许孩子吃爱吃的食物（油炸食品、甜食、咸味小点心、汽

---

[1] 萨穆埃尔·奥古斯特·蒂索（Sammuel Auguste Tissot，1728—1797），欧洲名医，受到伏尔泰、卢梭等人推崇，有"莱芒湖畔的希波克拉底"之誉。

约翰·沃尔夫冈·冯·歌德,《罗马狂欢节》,18世纪末

水、糖果等）。"我的小家伙们从不缺任何东西。"父母的这一自我辩解从孩子的饮食和肥胖的身体上得到具体的印证。2008年，在法国，当人们讨论到青少年体重超重、吃垃圾食品（巧克力棒、零食、薯片）引起的医学问题时，给这类食物征税的提议被否决了，不仅因为一个老生常谈的理由——过重的税收反而会破坏税收，还因为这些税的征收对象将是那些经济最弱势的家庭。

给糖吃

17世纪的词汇学家里什莱和菲勒蒂埃都把糖果甜食与童年世界联系在一起，更确切地说，把它和大人与小孩之间一种程式化的关系挂上钩。大人会拿糖果甜食给小孩吃，"给孩子们拿一些小点心吃"（里什莱，1680年）。这些礼物往往与宗教节日和辞旧迎新的新年馈赠有关。自中世纪末开始，许多天主教节日期间都允许孩子们挨家挨户去要小面包、水果、蛋糕或讨几枚硬币去买零食和饮料。混在大人中间，小孩子也可以尝到节日盛宴的甜点，比如主显节的国王饼或者狂欢节的炸糕。1637年前后，亚伯拉罕·博斯完成了一系列表现四季循环主题的版画。在冬季那幅版画中，他让一群少年儿童在舒适的室内兴高采烈地准备"油腻星期二"狂欢节上吃的炸糕：

快来快来/欢度"油腻星期二"狂欢节的孩子们/下手揉面

团/轮流使劲揉/厨房吸引他们/因为习俗或单纯觉得好玩/围在炉火旁/炸糕让他们个个喜笑颜开。

有一些宗教节日是专门为儿童而设的，比如德国莱茵河沿岸地区到荷兰一带的圣尼古拉节（12月6日）。那些聪明又听话的孩子将会得到圣尼古拉奖励的小零食，但那些不听话的孩子就没那么幸运了，他们只能收到黑彼得先生[1]送出的一根桦木树枝。描绘这一场景的画作很多，荷兰画家扬·斯丁（Jan Steen）就在一幅风俗画中生动地刻画了一个正在庆祝这一节日的布尔乔亚家庭（《圣尼古拉节》，阿姆斯特丹国家博物馆）。一个兴高采烈的小女孩很宝贝地捧着她收到的礼物，还有一个小娃娃，手里紧紧地攥着一块姜饼，被一个少年抱在怀中，而他们的哥哥却因为只拿到桦木树枝而满脸不快。特别值得一提的是，画家在画作最靠前的地方，即备受宠爱的小女孩脚下画了一个柳条筐，筐里堆满了各类应景的庆祝圣尼古拉节的小点心：姜饼、华夫饼、炸糕、饼干、一个苹果和一些核桃。

复活节同样也是一个送小朋友糖吃的宗教节日。虽然从中世纪末开始的确有一些地方就有送节日彩蛋的习俗，尤其是在阿尔萨斯地区，但给孩子们巧克力或糖做的甜点的习俗要等到19世纪才出现。在信奉天主教的欧洲，大人们说糖果是由罗马回来的大钟带来

[1] 通常以黑脸、红唇、一头鬈发示人的黑彼得先生是荷兰圣尼古拉节的标志。在这个荷兰举家欢庆的节日里，黑彼得先生作为圣尼古拉的仆人会给孩子们分发礼物，还会用滑稽扮相逗乐大家开心。

并放在花园里的。而在瑞士、阿尔萨斯和盎格鲁-撒克逊国家，糖果则是由友好的复活节兔子带到花园里来的。在一年的其他时间，这些糖果也可以成为大人们吸引小孩注意的工具，这也让现在很多大人更加害怕陌生人会利用糖果诱拐小孩。动词"affriander"表示"使之被一些可口的东西诱惑"，而菲勒蒂埃在他编的1690年的词典中用下面的例子进一步阐释了这个含义："给孩子们一些果酱以诱骗（affriander）他们。""我的小宝贝，别哭了，乖，乖就给你糖吃"，这是法兰西学院出版的词典（1694年）中的例句，足见该词典也认为可以用糖果来哄骗小孩。糖果可以用来奖励或激励孩子。伊拉斯谟也建议可以借助糖果来教育孩子（《论儿童的教养》），但同时他也提醒父母不要迎合孩子贪馋的喜好。

对于用糖果来奖励孩童的做法，近代欧洲的教育家莫衷一是。这种讨论也间接显示这种做法在上流社会的确存在。亚历山大-路易·瓦雷[1]所著的《论儿童的基督教育》建议给孩子"果酱或布娃娃"，克洛德·弗勒里[2]在《论学习内容的选择与学习方法》（1687年）中则反对用"糖果、图画、金钱或华服"来让孩子表现乖巧，因为"这种做法对他们的害处常常多于益处"。"千万不能用修改规则或给糖果点心等方式奖励孩子"，费奈隆在《论女子的教育》（1696年）一书中呼吁，"如此才不会令他们忠实看重本当轻视的东西"。一个世纪之后，法国哲学家克洛德·阿德里安·爱

[1] 亚历山大-路易·瓦雷（Alexandre-Louis Varet，1632—1676），法国律师、作家。
[2] 克洛德·弗勒里（Claude Fleury，1640—1723），法国法学家、历史学家。

梅尼尔巧克力广告宣传海报 19世纪末

尔维修[1]认为，唯有对得到一颗糖或一个玩具的期冀抑或是对遭受惩罚的恐惧，方能激励孩童（《论人》，1772年）。在实行新教育法令的法国第三共和国时期，菲尔明·布伊塞[2]于1893年画了一幅广告海报，一个小女童身着罩衫，辫子编得纹丝不乱，正在像写板书一样，写出大大的"梅尼尔巧克力"字样。小姑娘在学校认真学习，虽然也调皮，但能写出工工整整的字来，此处这一盒盒的巧克力，不正是对她的奖励吗？这场论战不断蔓延，经久不息。对于是否以糖果甜点作为奖赏，抑或将其剥夺作为惩罚，老师与家长始终难以达成共识。

糖果一统天下

在和西方儿童世界牢牢维系在一起的美食中，糕点和糖果无疑占了首要地位。从佩罗的《睡美人》中小奥罗尔索要的糖果，到《哈利·波特与魔法石》中巴蒂·克劳奇的怪味糖，别忘了还有格林童话《汉塞尔与格蕾特》里巫婆家用糖果做的窗户，糖果甜点长期以来一直属于儿童文学世界，尤其被用于展现一些奇幻的场景。爱丽丝掉入的洞里，那洞壁不就全是果酱橱吗？特别是里面有一瓶标有"喝我"的药水，爱丽丝喝了之后发现"小小一口，嘴里就充

---

[1] 克洛德·阿德里安·爱尔维修（Claude Adrien Helvétius，1715—1771），法国哲学家、作家，著有《论精神》《论人》。

[2] 菲尔明·布伊塞（Firmin Bouisset，1859—1925），法国画家、海报艺术家、版画家。

满了樱桃塔、奶油蛋糕、菠萝、烤火鸡和圣诞大餐的美妙滋味"（《爱丽丝漫游奇境》，1865年）；就喝这么一口，维多利亚时期美好童年的所有美食乐趣就都浓缩在里面！

法语的"糖果"（bonbon）一词是由两个相同音节构成的儿语，最初指的是一种裹有糖衣的儿童专用药物。1604年，年幼的路易十三的御医让·艾洛阿尔[1]在其《日记》（1601—1628年）中首次使用了该词。里什莱（于1680年）和菲勒蒂埃（于1690年）将它定义为儿语，专指给儿童吃的糖果，把它完全归入儿童世界。从17世纪末开始，糖果与玩具联系在一起。在旧制度的最后一个世纪里，糖果成了孩子们最期待收到的新年礼物之一。1715年，英国人弗雷德里克·斯莱尔[2]反对那些诋毁糖果的人，他为糖果辩护时甚至提出了这样的观点：禁止孩子吃糖是非常残忍的行为，甚至是一项罪过！让-雅克·卢梭认为评判孩子是否具有仁慈之心，不应该以他捐出的钱，而应根据他是否愿意献出"心爱的东西，比如玩具、糖果、零食"来判断（《爱弥儿》，1761年）。

新生儿天生喜欢甜味，因为他们本能地可以从中获得一种愉悦。母乳因含有乳糖而香甜。为了刺激婴儿的食欲，中世纪的医生建议将蜂蜜涂抹在婴儿的嘴巴上。蒙田在《随笔集》中用了隐喻的方式建议："我们应当在有益于儿童健康的肉类（食物）中放糖，

---

[1] 让·艾洛阿尔（Jean Héroard，1551—1628），法国医生、兽医、解剖学家。1610—1628年间任法国国王路易十三的御医。
[2] 弗雷德里克·斯莱尔（Frederick Slare，1647？—1727），英国物理学家、化学家。

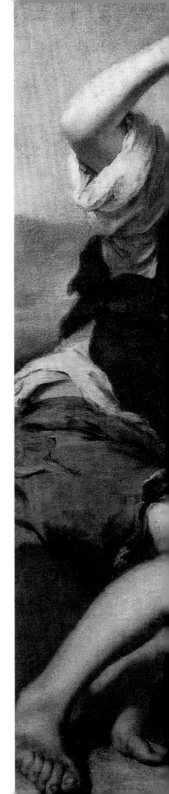

埃斯特班·牟利罗,《吃糕点的小孩》,17世纪,慕尼黑
老绘画陈列馆

而对孩子有害的食物则要使其充满苦味。"的确，孩子天生厌恶浓烈与苦涩的味道。为了让孩子在断奶期摆脱对母乳的依赖，现代医生会建议母亲和奶妈用大蒜、芦荟或芥末涂抹乳头。从对甜味的喜爱到对咸味的热衷，这还象征了我们告别童年的时刻。菲勒蒂埃在《布尔乔亚小说》中这样写道：

> 他变得既狡黠又古怪，以至于都不知道该如何管束他了。用糖果和辛香蜜糖面包讨他欢心的日子已经一去不返：他现在要的是山鹑和蔬菜炖肉。我们也不再送他拨浪鼓和布娃娃了，他需要的是缀满钻石的珠宝和镀金的银盘。

提到童年，我们就会想起拨浪鼓、布娃娃这些玩具，还有糖衣果仁和辛香蜂蜜面包这些零食。

20世纪的科学研究表明，人生来就喜欢甜食而排斥苦味。从进化论的角度来看，人天生就喜欢吃甜食，因为很容易吸收还可以产生热量，但是吃了苦的东西，下意识就会觉得自己中毒了。因此，人要通过不断适应，才能习惯苦的、酸的、辣的、呛鼻子的，甚至是有点腐烂的肉的味道。弗朗索瓦·布歇[1]在《早晨的喝咖啡时间》（1739年）中描绘了家庭生活的中心就是培养孩子的口味：妈妈教小孩子习惯咖啡的苦味，并让他慢慢了解咖啡的社交功能。

....

[1] 弗朗索瓦·布歇（François Boucher, 1703—1770），法国画家，洛可可风格的代表人物。

不管是奶妈、女管家还是母亲，孩子嗜糖这一现象对女人而言习以为常。小孩子至少在懂事之前，都是女人一手带大的。女人本来就爱吃糖，所以孩子们无形中也跟着养成了爱吃糖的习惯。亚伯拉罕·博斯画了一幅糕点师的面包房的版画（1635年），所附的一首诗把这层关系表露无遗：

> 甜食糖果应有尽有/这里提供蔬菜炖肉/为取悦味蕾/卖各种商品……这家店美食真多/花样百出地迷倒/小女孩和小男孩/女仆和保姆。

换言之，孩子喜欢吃甜的，他家的女佣和保姆就会用甜点来讨好他们。夏多布里昂[1]在《我一生的回忆录》（1826年）中提到他的女管家拉维尔诺夫人时，只说她常常偷偷地把她能找到的所有甜食都送给他，让他"喝很多葡萄酒、吃很多糖"。女人和孩子有一个共同的弱点，就是他们都爱吃糖果甜点。

1542年，意大利哲学家亚历山德罗·皮科洛米尼[2]为刚生下一名男婴的罗达妮娅·福尔泰圭里·格伦比尼撰写了一份《做一个高贵的人的一生教育指南》。他建议等孩子满五岁时就请一名男家庭老师来教他，到时老师会帮他改正缺点，其中就包括贪吃的毛病。

[1] 弗朗索瓦-勒内·德·夏多布里昂（Francois-René de Chateaubriand，1768—1848），法国作家、政治家、法兰西学院院士，是法国早期浪漫主义的代表作家。
[2] 亚历山德罗·皮科洛米尼（Alessandro Piccolomini，1508—1579），托斯卡纳人文主义者和哲学家，他在推动托斯卡纳语成为哲学和科学语言方面发挥了相当大的作用。

只有假男人和教育之手，才能戒掉孩子天生贪馋和爱吃甜食的毛病。说到这里，就不得不提一个亨利四世的故事：亨利四世小时候在加斯科尼接受洗礼时，他的父亲亨利·德·阿尔布雷"拿了一瓣大蒜往他的嘴上抹，还让他吮吸了一滴葡萄酒……为了让他长得更健壮，更有男子汉气概"（哈尔杜恩·德·佩雷菲克斯，《亨利大帝传》，1661年）。直到21世纪初，这种刻板印象依然存在，尤其被用于广告中：教孩子品尝奶酪或芥末这类重口味的，总是父亲而不是母亲！

从18世纪下半叶开始，巧克力虽然还没有退出成年人专属的美食乐趣领域，但它也开始变成可供儿童享用的甜食。正是因为变成了甜点，可可才进入了儿童的美食世界，巧克力饮品则依然是成人世界的专属。从19世纪开始，可可先是在南美洲而后又在非洲产量暴增，欧洲发展甜菜种植，生产和加工的产业化使得糖的供应量开始大幅增加，由此带来的价格下跌自然使得西方社会糖果消费阶层明显扩张。19世纪，英国人均年食糖量从9公斤上升到40公斤。糖和巧克力不再是精英阶层的专属，自19世纪起，工业化国家就有了廉价糖果。

20世纪后半叶，儿童世界与甜点和酸酸甜甜的糖果之间的维系得到了进一步加强，因为孩子的生日派对几乎成为既定仪式，那是孩子社交生活的一个重要时刻。生日蛋糕、一碟碟糖果点心和各种甜味饮料，在"小皇帝"过生日这天，糖果无处不在。特别值得一提的是，小寿星和他邀请的朋友们可以在大人们温柔的目光下尽情享用甜食。

不过我们仍要注意，避免犯了把儿童贪馋全归到甜食头上这种和历史年代不符的常识错误。别忘了，从中世纪到17世纪，蔗糖仍然是稀缺且昂贵的。过去的孩子也爱吃偷摘的水果，甚至在树上就吃起来；他们也吃咸味的菜肴，对面包更是垂涎欲滴。路易十四的弟媳妇普法尔茨夫人在她于1700年5月6日写的一封信中，讲述了她童年在海德堡的一段回忆，那是一次很咸的关于贪馋的不幸遭遇，她偷吃了一盘培根卷心菜：

> 我才吞下三大口菜，突然有人开了一炮，而大炮就在我房间窗下的露台上，因为城里发生了火灾……而我害怕被抓个现行，就把餐巾、盘子以及培根卷心菜都扔出了窗外。我没有东西擦嘴了。我听到木楼梯上传来的脚步声：是我那位身为选帝侯的父亲，他来我房间瞧瞧哪里失火了。看到我的嘴和下巴都油腻腻的，他开始骂骂咧咧："天啊，丽丝洛特，我看你是往脸上抹油了吧！"我说："这只是我因为嘴唇皲裂而抹的药膏。"爸爸说："可是你这样很脏。"我哈哈大笑起来……拉罗格拉芙也上楼了，她穿过我侍女的房间。出去的时候她说："啊，小姐的房间里有培根卷心菜的味道！"选帝侯听懂了她开的玩笑，说："这就是你涂在嘴上的药膏啊，丽丝洛特！"看选帝侯心情不错，我就坦白了。

美妙的玛德莱娜

冬天的一个晚上，在贡布雷，《追忆似水年华》一书的叙事者的母亲建议他喝点热茶，配上玛德莱娜小蛋糕，暖暖身子。他不经意地舀了一勺茶送到嘴边。"但就在混着蛋糕屑的茶水碰到上颚的一刹那，我身子一颤，注意到自己身上正在发生奇妙的变化。一种美妙的快感淹没了我，让我忘了周围的一切……"他的脑海中浮现了一段童年往事，每个星期天早上去做弥撒前，莱奥妮姑妈都会递给他的那块浸过椴花茶的玛德莱娜蛋糕的滋味（马塞尔·普鲁斯特，《在斯万家那边》，1913年）。在《追忆似水年华》中处处点缀着普鲁斯特式的回忆，唯独这个小糕点的片段最为人熟知，可见美食贪馋和童年之间的联系意义深远。关于这一片段的评论太多太多，以至于今天在法语中，一个玛德莱娜小蛋糕几乎就是在指代一种能让美好回忆重现的奇妙感受。

对很多人来说，沾染了情感色彩的气息、味道、质感都扮演着奇妙的玛德莱娜蛋糕的角色，不管是在过去还是现在。巴尔扎克用这个画面跟读者们解释"弗里普"[1]的含义：

> 从涂抹在面包片上的黄油——下等"弗里普"，到白桃果酱——堪称顶级的"弗里普"；所有小时候曾经把"弗里普"

---

[1] "弗里普"（frippe），指抹在面包上一起吃的黄油、奶酪、果酱之类的涂酱。

舔掉、把面包剩下的人，都明白这个词的意思。

——《欧也妮·葛朗台》，1833年

今天，很多电影片名，像迪亚娜·库里（Diane Kurys）的《薄荷苏打水》（1977年）；或书名，像卡特琳娜·哈格纳（Katharina Hagena）的《苹果籽的味道》（2008年）；还有一些小动作，比如弄湿食指指尖把桌上的砂糖或羊角面包屑粘起来吃掉——这些都可以充当奇妙的玛德莱娜小蛋糕的角色，就像这个四十来岁的男人回想起小时候他在土豆泥里弄出"许多超级可爱的小火山"（雷诺，《可笑的星期天》，1991年）。

对于移民而言，不管是殖民时期的欧洲人——阿尔及利亚侨民的圣诞劈柴蛋糕、大英帝国的葡萄干布丁[1]——还是迁居到欧洲定居的人，我们注意到，好几代人都会保留原来国家的菜肴和饮食习惯。这种美味的传承折射出来的是被神化的童年，通过母亲或祖母的厨艺，让人回想起多少带了些幻想色彩的祖国。

在21世纪初，一些高档餐厅的菜单和制作糕点的书籍都为成年人提供了以复古的草莓糖、巧克力棒、棉花糖、巧克力酱等为原料制作的奶油、布丁、巧克力甘纳许[2]、马卡龙等，无非是在打某种"美食乡愁牌"。甚至成年男子都不再抗拒经常吃原本专属于小孩

---

[1] 起源于中世纪英格兰的一种在圣诞节吃的传统布丁，葡萄干布丁也被称作"梅子布丁"，但它实际上并不含有梅子，因为在维多利亚时代之前，梅子（plum）指的是葡萄干（raisin），也可指代其他包含干果的蒸熟布丁。

[2] 巧克力甘纳许（ganache）指混合了淡奶油的巧克力酱。

科乐巧克力广告宣传海报，20 世纪初

子的糖果。这种对儿童甜食的喜爱表明脱离童年成长为大人的过程
是艰难的，还是在英语世界文化模式的影响下，人们的口味发生了
变化？不管怎样，公然宣扬成人贪馋行为的幼稚化，这一趋势让贪
馋（gourmandise）一词继续保留了贬义的成分。

男人爱吃糖在今天变得更加明显，但这种现象在过去也并非完
全不存在。在19世纪文学中，男性对糖果和热巧克力的热衷，表明
他要么缺乏男子汉气概，要么不够成熟。三个世纪前，弗朗索瓦一

世的御医布吕耶兰·尚皮耶就举了一个绝佳的例子，描写宫廷中人在饮食上出现"退化"的现象：他们兴致勃勃地吃起了原本专门为小孩子准备的菜肴，"人们开始吃糊糊，我们可以说他们是重返童年了，因为在我们这里，糊糊是给小孩子吃的"（《食物》，1560年）。这两个例子显然指的是男人，因为女人的口味喜好被认为天生就和孩子接近。

结　语

为了您的健康,避免在正餐之外吃东西。

为了您的健康,避免吃得太油腻,太甜,太咸。

为了您的健康,定期做一项运动。

为了您的健康,每天至少吃五种蔬菜和水果。

www.mangerbouger.fr(2010 年)

汤姆·韦塞尔曼,《静物》,作品 30 号,1963 年,纽约现代艺术博物馆

贪馋罪的回归

医学规定的重重约束和道德家关于营养饮食的论调卷土重来，让贪食罪在基督教会式微的社会中改头换面，再次粉墨登场。21世纪最初的十年完全符合社会学家克洛德·菲施勒在1990年注意到的社会变迁："在本世纪末，贪馋罪比肉欲罪更容易被世俗化和医学化。"营养医师的处方很容易让人产生强烈的罪恶感，这让陈旧的观念得以延续，把贪馋当作一种不仅影响健康还危害社会的罪过。从那以后，贪馋被视为社会、道德和心理层面的缺点，贪馋之人被当作一个潜在的营养方面的罪犯。"动摇""偏离""违反"这些在诱惑面前缺乏意志力的表现，不仅说明行为本身的错误，还表示违反了一种已经成为规范的理想饮食模式：瘦身饮食法。

更有甚者，营养学家的交流方式也有幼稚化的倾向：我们拥有专业知识，我们将教您和您的孩子，如何正确进食。甚至在最近出版的《法语文化词典》（2005年）中也有类似的论调。"硬塞一堆甜食（gourmandises）给孩子吃"，这是为了说明"gourmandise"一词的复数形式的含义时举的例子，通过"硬塞"和孩子的关联，把矛头指向了经典的替罪羔羊：大人对孩子的教育不当。垃圾食品、快餐和苏打水、食品和饮料自动贩卖机、速食和电视也同样受到营养学家的诟病。

太胖的人就会被怀疑暴饮暴食、在正餐之外吃零食，换言之，就是不遵守西方社会的礼仪之道。相反，新式烹饪在20世纪70年代成为正统，高级料理也与时俱进，把美食愉悦和注重营养与美感有机结合起来，星级主厨米歇尔·格拉尔（Michel Guérard）的《高级瘦身料理》就是绝佳的例子。新一代精通美食之道的饕客摆脱了中风的威胁，不再红光满面、身材臃肿，也不再吃过于浓郁油腻的酱汁。在当代西方社会，患肥胖症比例最高的人群反而是最弱势、最贫穷、学历最低的人群，这一现象在女性当中尤为明显。这样一来，旧制度时代"美食家-暴食者"之间的社会文化区分一直延续至今。贪馋依然是某个阶级的罪行，不过和中世纪时的情况相反，肥胖症普遍被认为是一种病理现象，与经济拮据、缺乏教育有关。身材过于肥胖臃肿非但不是成功人士的标志，而且会遭到社会排斥和职场歧视。

连续几个世纪，由于物资的匮乏，人们对美食的梦想都充斥着油脂的味道。在文化上对肥美的过高评价在20世纪已然消失不见，西方社会对脂肪的态度变成了深恶痛绝。因为富足，人们已不再把肥胖视为评判经济和社会状况良好的一项标准，甚至不惜曲解"丰满"（embonpoint）一词的词源，使其变成一个贬义的概念。脂肪被指控会危害健康，变胖会影响美感，随之而来的是胆固醇恐惧症和对抗心血管疾病的热潮，瘦和平坦的腹部成了美的金科玉律。同样，糖也被医学界高度妖魔化了。不仅自19世纪以来，它不再被认为是社会身份地位的象征，而且到了20世纪，它原本健康、营养、提神的功效也受到了质疑。

对胆固醇、糖尿病、体重超重、癌症、心血管疾病的恐惧让无盐、无糖、无油的饮食模式、轻食、功能食品大行其道，尤其是在英语世界和北欧。但是健康饮食可以被简化为单纯的营养问题吗？美食愉悦难道不是消费者心理健康、人与人之间交往之根本所在？显然，著名的法国悖论也建立在餐饮之乐上。或许21世纪初公共卫生健康计划和营养学专家的主要挑战就在于此：把健康饮食和口腹之乐有机结合，从而让享受美食之人没有罪恶感。出于一些并不那么冠冕堂皇的理由，大型农产品加工集团的营销部门也在广告商的帮助下，试图回应这一挑战。

"太好吃了，太没羞没臊了！"

西方世界所有关于贪馋的想象都在20世纪与21世纪被广告公司重新诠释。20世纪60年代欧洲社会的风俗得到了明显的解放，这让广告公司可以更好地玩弄基督教的原罪教义，尤其是"贪食-淫欲"这一对老搭档。"贪馋-诱惑"或者说"贪馋-情色"之间的联系甚至成了推销咖啡、巧克力、冰淇淋、酸奶的经典桥段。

在被人类发现五百多年后，可可继续承载着一种色情、淫荡、性感的想象，作为一种催情剂，至今依然让女人为之痴狂。贪食成了吸引消费者的卖点，所谓愿者上钩。很多广告都用性的隐喻来形容味觉的愉悦。这种宣传见证了色欲和食欲之间紧密的文化联系，继承了基督教把饮食之乐罪恶化的传统，尤其是当它涉及打破禁忌的时候。"太好吃了，太没羞没臊了！"[1]一个甜点的广告词是这样说的。一个年轻女子在吃完低脂白乳酪后承认，"这样太堕落了"。如果说广告中呈现的快感基本上都是女人表现出来的，我们从中看到的实际是男性把贪馋和性之间的暧昧联系归咎于女性的这一想法由来已久。

广告公司力推把瘦身、健康和美食融为一体的快乐饮食法，似乎也在宣告贪馋罪的终结。取悦自我不是什么坏事，甚至传递出来最具颠覆性的信息是鼓励独自享乐。个体因此得以逃离社会，享受片刻美食的欢愉。一个人自得其乐有助于回归本源，达到身心平衡。不过，关于美食之乐的广告文案还是主要着眼于家庭亲友之间分享和交谈的温馨氛围。

吹嘘食物美味可口的广告是不会忘记儿童世界的，儿童是消费社会首选的猎物。小孩子显然都贪吃，为了满足他的"小罪恶"可以不惜一切。当场被捉到手指伸进果酱罐里，他在大人慈爱同情的目光下笨嘴笨舌地撒谎，就像那个满嘴沾满巧克力慕斯的小女孩，明知道不应该"辜负父母对自己的信任"，却还是忍不住偷吃。甜点零食也会被广告包装成一种奖励、一种孩子和大人之间心照不宣的默契去售卖。广告中出现一位爷爷或者一位奶奶，这一场景打的就是怀旧牌，怀念童年时代的美味。两代人因为提到"奇妙的玛德莱娜蛋糕"和美食认同的传承而建立起联系。

----

[1] 法文是"C'est bon, la honte"，指的是"太好吃了，（但这样吃）太没羞没臊了"，也可以理解为这么放肆、没羞没臊地吃简直太爽了。

在西方，口味传承的说法让贪馋概念经历了一次新的转变：让它归属于文化遗产和技艺的范畴，成为家族、族群、地方和国家历史的一部分。因此，广告商常常借助于乐天率性的修士这一大众熟悉的形象来推销奶酪、啤酒和其他利口酒，尽管这些食品很多和今天的教士世界毫无关系，无非是今天西方人的想象在胖修士和肥司铎身上寻找遥远的中世纪文化之根罢了。为了在一个重新变得充满敌意的环境中找到存在的理由，在20世纪末，贪馋或许在文化遗产中找到了自己的容身之所。

跋

"我还想再吃一头野猪……"

——《高卢人阿斯泰利克斯》,1961 年

这趟美食之旅结束之时恰逢法国最畅销的系列漫画《阿斯泰利克斯历险记》（1959年）诞生五十周年，我们怎会忘记，漫画书中所有的冒险故事都以一场盛宴告终！口腹之享和筵宴之乐贯穿了由戈西尼和乌德佐创作的《高卢人阿斯泰利克斯》的始终。阿斯泰利克斯完全不是滔滔不绝的美食家，他的口味也不是精英分子的喜好。不管是从本义还是引申义来看，我们的主角们都无肉不欢。胖嘟嘟、圆滚滚，这些坚强不屈的高卢人都是性格爽朗乐观的天真汉。快快乐乐、高高兴兴、每天都是好心情，他们身上散发着热气腾腾的烤野猪和清凉的大麦啤酒的味道。

1965年的《环游高卢》描绘了地方特产（可供参观的酒窖、美食特产店、套装礼盒）如何推动旅游业发展，玩转美食之国（著名的七号罗马古道，一定是在满天繁星的夜空下举行最后的盛宴）的形象。这集漫画尤其见证了美食在民族建构过程中扮演的认同和文

化遗产的角色：面对罗马人的入侵，重要的不就是要强调一场环游高卢的美食之旅是最好的抵抗？而书名不也影射了法国最受大众喜爱的体育盛事——环法自行车赛吗？《阿斯泰利克斯在比利时》把历险带到了"极乐世界"，致敬了份大量足的比利时菜肴和口味丰富的面包片，故事也已一场飨宴告终，让人不禁想起勃鲁盖尔的油画《农民的婚礼》的场景。至于《阿斯泰利克斯在布列塔尼》中多次提到的"暴殄野猪"的罪行："可怜的"野猪煮熟后被淋上薄荷酱，配一杯温啤酒享用！——这里用到的是法国人对英国人的刻板印象，前者认为后者根本不懂得吃。同样在这次历险中，布列塔尼人也对过于繁复、大量使用蒜头的高卢菜心存疑虑。这一系列漫画大玩刻板印象的游戏，甚至不惜自嘲，不仅把美食当作一种认同标记，还把它用来制造法国人和外国人都懂的笑点。

布里亚-萨瓦兰把贪馋定义为"最重要的社会联结之一；它逐渐传播这种聚会欢宴的精神，每天都让不同阶层的人聚在一起，把他们凝聚成一个整体，让谈话变得活跃，让棱角磨平"。这与阿斯泰利克斯漫画系列每一集最后一个画面想要传达的信息并无二致。在这个不可战胜的村庄里，不管居民之间存在怎样的纠纷，但最后的筵席总能让大家团结一致，就像法兰西第三共和国全盛时期市长们组织的盛宴，更何况筵席使用的餐桌通常都是圆桌。奥贝利克斯这个"身材至少稍微胖了一点"的高卢人惊人的胃口通常不是问题，只有当他自顾自埋头大吃的时候，才会惹恼阿斯泰利克斯："你就不能等一等再吞掉这些野猪吗？贪吃鬼！"（《离间计》，

1970年）独自享用这道系列漫画中极具象征意味的美味佳肴标志着两个好朋友的正式决裂。这里反映了西方漫长的美食历史上对贪馋行为一贯的谴责，独享美食的饕餮之徒和乐天派在文化层面上是格格不入的。说到底，不管是上流社会文雅的贪馋还是市井百姓低俗的饕餮，是共享、交流和谈话赋予了贪馋行为一种融入群体价值体系之中的社会功能，而这正是它存在的正当理由。

　　源于基督教的神意说、人和人之间的交往需求、社会身份的象征、女人和孩子的不成熟，如今更成了融合地方特产和烹饪技艺的文化遗产，贪馋的乐趣一直都需要找到一种可以被接纳或者合法化的理由，正如阿斯泰利克斯和他的同伴们的历险，回回都必定以欢乐的盛宴而告终。"我还想再吃一头野猪……"你呢？

参考书目

BASCHET, Jérôme, *les Justices de l'au-delà. Les représentations de l'enfer en France et en Italie* (XIIᵉ-XVᵉ siècle), Rome, École Française de Rome, 1993.

BAUDEZ, Hélène, *le Goût, ce plaisir qu'on dit charnel dans la publicité alimentaire*, Paris, L'Harmattan, 2006.

BECKER, Karin, *Der Gourmand, der Bourgeois und der Romancier : die französische Esskultur in Literatur und Gesellschaft des Bürgerlichen Zeitalters*, Frankfurt am Main, Klostermann, 2000.

CAPATTI, Alberto et MONTANARI, Massimo, *la Cuisine italienne. Histoire d'une culture*, Paris, Le Seuil, 2002.

CASAGRANDE, Carla et VECCHIO, Silvana, *Histoire des péchés capitaux au Moyen Âge*, Paris, Aubier, 2002.

CHARBONNEAU, Frédéric, *l'École de la gourmandise de Louis XIV à la Révolution*, Paris, Éditions Desjonquières, 2008.

CORBEAU, Jean-Pierre (dir.), *Nourrir de plaisir. Régression, transgression, transmission, régulation ?*, Paris, Les Cahiers de l'Ocha, n° 13, 2008.

CSERGO, Julia (dir.), *Trop gros ? L'obésité et ses représentations*, Paris, Éditions Autrement, collection « mutations », n° 254, 2009.

FISCHLER, Claude, *l'Homnivore*, Paris, Odile Jacob, 1990.

FLANDRIN, Jean-Louis et MONTANARI, Massimo (dir.), *Histoire de l'alimentation*, Paris, Fayard, 1996.

HACHE-BISSETTE, Françoise et SAILLARD, Denis (dir.), *Gastronomie et identité culturelle française*, Paris, Nouveau Monde éditions, 2007.

HARWICH, Nikita, Histoire du chocolat, Paris, Éditions Desjonquières, 1992, rééd. 2008.

JEANNERET, Michel, *Des mets et des mots. Banquets et propos de table à la Renaissance*, Paris, José Corti, 1987.

MENNELL, Stephen, *Français et Anglais à table du Moyen Âge à nos jours*, Paris, Flammarion, 1987.

MEYZIE, Philippe (dir.), *la Gourmandise entre péché et plaisir*, numéro spécial de la revue Lumières, n° 11 – 1er semestre 2008.

N'DIAYE, Catherine (dir.), *la Gourmandise, délices d'un péché*, Paris, Éditions Autrement, collection « mutations/mangeurs », n° 140, 1993.